600MW 超临界机组仿真机培训教材

国网河北省电力有限公司培训中心　组织编写

中国建材工业出版社

图书在版编目（CIP）数据

600MW 超临界机组仿真机培训教材/国网河北省电力有限公司培训中心组织编写 . --北京：中国建材工业出版社，2021.6

ISBN 978-7-5160-3111-7

Ⅰ.①6… Ⅱ.①国… Ⅲ.①超临界机组－系统仿真－岗位培训－教材 Ⅳ.①TM621.3

中国版本图书馆 CIP 数据核字（2020）第 228273 号

600MW 超临界机组仿真机培训教材
600MW Chaolinjie Jizu Fangzhenji Peixun Jiaocai
国网河北省电力有限公司培训中心　组织编写

出版发行：中国建材工业出版社
地　　址：北京市海淀区三里河路 1 号
邮　　编：100044
经　　销：全国各地新华书店
印　　刷：北京雁林吉兆印刷有限公司
开　　本：787mm×1092mm　1/16
印　　张：13
字　　数：260 千字
版　　次：2021 年 6 月第 1 版
印　　次：2021 年 6 月第 1 次
定　　价：98.00 元

编　委　会

主　　任：张燕兴

副 主 任：赵晓波

成　　员：杨军强　郭小燕　刘爱民

编　审　组

主　　编：刘爱民

编写人员：赵素芬

主　　审：刘爱民

前　言

　　《600MW超临界机组仿真机培训教材》是火电厂集控运行专业实训教材，本教材分为三个部分内容，可供三个等级人员选择学习，其中Ⅰ级适用于集控运行值班员中级工及以下人员，包括主机设备与系统篇和仿真机集控运行篇两篇，主要内容为主机设备概况及规范、辅机的启停、运行监视及事故处理；Ⅱ级适用于集控运行值班员高级工人员，包括主机设备及系统篇和集控运行规程篇部分内容，主要内容为机组的启动、机组的正常运行维护、机组的停止、机组停运后的保养、机组主要保护及锅炉、汽轮机、电气设备的简单事故处理；Ⅲ级应用于技师及高级技师人员，包括主机设备及系统篇和集控运行规程篇全部内容，主要内容为机组的启停、机组正常运行维护、机组综合性故障分析处理。

　　本书由国网河北省电力有限公司刘爱民主编，本书所有章节的锅炉和电气部分内容由刘爱民编写，本书所有章节的汽轮机部分内容由赵素芬编写，全书由刘爱民负责统稿。

编者

2020 年 6 月

目　　录

第一篇

主机设备与系统

第一章 机组设备总体概述

一、锅炉设备概述

本机组锅炉设备是由哈尔滨锅炉有限责任公司引进三井巴布科克能源公司（Mitsui Babcock Energy Limited）技术生产的超临界参数变压运行直流锅炉，单炉膛、一次再热、平衡通风、露天布置、固态排渣、全钢构架、全悬吊结构Ⅱ型锅炉。型号为 HG-1900/25.4-YM4。锅炉燃烧方式为前后墙对冲燃烧，前后墙各布置 3 层三井巴布科克能源公司生产的低 NO_x 轴向旋流燃烧器（LNASB），每层各有 5 只，共 30 只。在最上层煤粉燃烧器上方，前后墙各布置 1 层燃烬风口，每层布置 5 只，共 10 只燃烬风口。每只燃烧器配有一只油枪，用于点火和助燃。锅炉设计煤种为神府东胜烟煤，校核煤种为山西晋北烟煤。点火及助燃油为 0 号轻柴油。

锅炉炉膛水冷壁采用焊接膜式壁，断面尺寸为 22187mm×15632mm（宽×深）。下部水冷壁及灰斗采用螺旋管圈，上部水冷壁为垂直管屏。锅炉启动系统为带炉水循环泵的启动系统，汽水分离器为内置式。锅炉省煤器为单级非沸腾式，分前后两部分布置于尾部烟道的下部。锅炉过热器由顶棚过热器、包墙过热器、一级过热器、屏式过热器和末级过热器组成。顶棚过热器布置于炉顶，包墙过热器布置于尾部烟道顶部、尾部烟道前后墙、两侧墙及中间隔墙，一级过热器布置于尾部双烟道的后部烟道中，屏式过热器布置于炉膛上部，末级过热器布置于折焰角上方的水平烟道中。屏式过热器前后各布置一、二级喷水减温器，每级均为 2 只。锅炉再热器由低温再热器和高温再热器两部分组成。低温再热器布置于尾部双烟道的前部烟道中，高温再热器布置于水平烟道中。低温再热器入口配 2 只事故喷水减温器。主蒸汽温度由煤水比及喷水减温器调节。再热蒸汽温度正常由尾部烟气挡板调节，紧急情况由喷水减温器调节。

制粉系统为 HP1003 型中速磨煤机冷一次风正压直吹式制粉系统。磨煤机为 6 台，B-MCR工况时 6 台全部投运，无备用。每台磨煤机供布置于前或后墙同一层的 5 只 LNASB 燃烧器。煤粉细度 R_{90}＝25％。系统配有 2 台动叶调节轴流式一次风机，2 台离心式密封风机。锅炉风烟系统配有 2 台动叶调节轴流式送风机，2 台静叶调节轴流式引风机，2 台三分仓回转式空气预热器。锅炉配置了 2 台双室 5 电场静电除尘器（效率≥99.84），一套石灰石-石膏湿法脱硫装置（脱硫率≥90％）。锅炉布置有 98 只炉膛吹灰器、56 只长伸缩式吹灰器、8 只半伸缩式吹灰器，每台空气预热器也配有 2 只伸缩式吹灰器，吹灰器由程序控制。炉膛出口两侧各装设一只烟气温度探针，双侧设置炉膛监视闭路电视系统的摄像头，用于监视炉膛燃烧状况。锅炉排渣系统采用刮板式捞渣机。

二、汽轮机设备概述

汽轮机为哈尔滨汽轮机有限责任公司制造的超临界、一次中间再热、单轴、三缸、四排汽、反动凝汽式汽轮机，型号是 CLN600-24.2/566/566-I。采用数字式电液调节（DEH）系统。机组能在冷态、温态、热态和极热态等不同工况下启动，并可采用定压和定-滑-定压运行方式中的任一种运行。定-滑-定压运行时，滑压运行的范围是 30%～90%BMCR。汽轮机通流采用冲动式与反动式联合设计。新蒸汽从下部进入置于该机两侧两个固定支承的高压主汽调节联合阀，由每侧各两个调节阀流出，经过 4 根高压导汽管进入高压汽轮机，高压进汽管位于上半两根、下半两根。进入高压汽轮机的蒸汽通过一个冲动式调节级和 9 个反动式高压级后，由外缸下部两侧排出进入再热器。

再热后的蒸汽从机组两侧的两个再热主汽调节联合阀，由每侧各两个中压调节阀流出，经过四根中压导汽管由中部进入中压汽轮机中压进汽管位于上半两根、下半两根。进入中压汽轮机的蒸汽经过 6 级反动式中压级后，从中压缸上部排汽口排出，经中低压连通管，分别进入 1 号、2 号低压缸中部。两个低压缸均为双分流结构，蒸汽从通流部分的中部流入，经过正反向 7 级反动级后，流向每端的排汽口，然后蒸汽向下流入安装在每一个低压缸下部的凝汽器。汽缸下部留有抽汽口，抽汽用于给水加热。本机设有 8 段非调整抽汽向由 3 台高压加热器、除氧器、4 台低压加热器组成的回热系统及小汽轮机等供汽。

本体结构特点：

1. 高中压缸特点

由合金钢铸造的高中压外缸通过水平中分面形成了上下两半。内缸同样为合金钢铸件并通过水平中分面形成了上下两半。内缸支撑在外缸水平中分面处，并由上部和下部的定位销导向，使汽缸保持于汽轮机轴线的正确位置，使汽缸自由收缩和膨胀。高压汽轮机的喷嘴室也由合金钢铸成，并通过水平中分面形成了上下两半。它采用中心线定位，支撑在内缸中分面处。喷嘴室的轴向位置由上下半的凹槽与内缸上下半的凸台配合定位。上下两半内缸上均有滑键，决定喷嘴室的横向位置。主蒸汽进汽管与喷嘴室之间通过弹性密封环滑动连接，这样可把温度引起的变形降到最低限度。汽轮机高压隔板套和高中压进汽平衡环支撑在内缸的水平中分面上，并由内缸上下半的定位销导向。汽轮机中压 1 号隔板套、中压 2 号隔板套和低压排汽平衡环支撑在外缸上，支撑方式和内缸的支撑方式一样。

2. 低压缸特点

本机组具有两个低压缸。低压外缸全部由钢板焊接而成，为了减少温度梯度设计成 3 层缸。由外缸、1 号内缸、2 号内缸组成，减少了整个缸的绝对膨胀量。汽缸上下半各由 3 部分组成，即调端排汽部分、电端排汽部分和中部。各部分之间通过垂直法兰面由螺栓作永久性连接而成为一个整体，可以整体起吊。低压缸调速器端的第 1、2 级隔板安装在隔板套内。此隔板套支撑在 1 号内缸上，第 3、4、5 级隔板安装在 1 号内缸内，第 6、7 级隔板安装在 2 号内缸内，内缸支撑在外缸上，并略低于水平中分面。低压缸发电机端的第 1～4 级隔板安装在隔板套内，此隔板套支撑在 1 号内缸上，第 5 级隔板安装在 1 号内缸内，第 6、7 级隔板安装在 2 号内缸内，内缸支撑在外缸上，并略低于水平中分面。排汽缸内设计有良好的排汽通道，由钢板压制而成。低压排汽口与凝汽器弹性连接。低压缸四周有框架式撑脚，撑脚坐落在基架上，承担全部低压缸质量。在 1 号低压缸撑脚四边通过键槽与预埋在基础内的锚固板配合形成膨胀的绝对死点。在蒸汽入口处，1 号内缸、2 号内缸通过 1 个环形膨胀节相连接，1 号内缸通过 1 个承接管与连通管连接。内缸通过 4 个搭子支承在外缸下半中分面上，1 号内缸、2 号内缸和外缸在汽缸中部下半通过 1 个直销定位，以保证三层缸同心。为了减少流动损失，在进排汽处均设计有导流环。每个低压缸两端的汽缸盖上装有两个大气阀，其用途是当低压缸的内压超过其最大设计安全压力时，自动进行危急排汽。大气阀的动作压力为0.034～0.048MPa（表压）。低压缸排汽区设有喷水装置，排汽缸温度升高时按要求自动投入，降低低压缸温度，保护末级叶片。

3. 转子特点

高中压转子是无中心孔合金钢整锻转子。带有主油泵叶轮及超速跳闸装置的轴通过法兰螺栓刚性地与高中压转子在调端连接在一起，主油泵叶轮轴上还带有推力盘。低压转子也是无中心孔合金钢整锻转子。高中压转子和1号低压转子之间装有刚性的法兰联轴器。1号低压转子和2号低压转子通过中间轴刚性连接、2号低压转子和发电机转子通过联轴器刚性连接。转子系统由安装在前轴承箱内的推力轴承定位，并有8个支撑轴承支撑。

4. 静叶片特点

调节级采用子午面收缩静叶栅，降低静叶栅通道前段的负荷，减少叶栅的二次流损失。高中压静叶片全部为弯曲叶片，每只静叶自带菱形头形内外环，整圈组焊后在中分面处割开，成为上下半结构。低压第1级为弯曲静叶，第2～4级为扭曲静叶，第5～7级为弯曲静叶。低压前5级隔板导叶为自带菱形叶冠焊接结构，末二级隔板为单只静叶焊接在内外环上的焊接结构。

5. 动叶片特点

调节级动叶片采用电脉冲加工成3只为一组并带有整体围带和三叉叶根的三联叶片。高、中压动叶片全部为弯曲自带冠叶片，枞树形叶根，低压1～7级为变截面扭曲动叶片，均为自带围带，枞树形叶根结构。

6. 滑销系统特点

机组膨胀的绝对死点在1号低压缸的中心，由预埋在基础中的两块横向定位键和两块轴向定位键限制低压缸的中心移动，形成机组绝对死点；高中压缸由四只"猫爪"支托，"猫爪"搭在轴承箱上，与轴承箱之间通过键配合，在键上可以自由滑动；高中压缸与轴承箱之间、低压1号与2号缸之间在水平中分面以下都用定位中心梁连接。汽轮机膨胀时，1号低压缸中心保持不变，它的后部通过定中心梁推动2号低压缸沿机组轴向向发电机端膨胀。1号低压缸的前部通过定位中心梁推着中轴承箱、高中压缸、前轴承箱沿机组轴向向调速器端膨胀。轴承箱受基架上导向键的限制，可沿轴向自由滑动，但不能横向移动。箱侧面的压板限制了轴承箱产生的任何倾斜或抬高的倾向。转子之间都采用法兰式刚性联轴器连接，形成轴系。轴系轴向位置是靠机组高压转子前端的推力盘来定位的。推力盘包围在推力轴承中，由此构成了机组动静之间的死点。当机组静子部件在膨胀与收缩时，推力轴承所在的前轴承箱也相应地轴向移动，因而推力轴承或者说轴系的定位点也随之移动，因此，称机组动静之间的死点为机组的"相对死点"。

7. 盘车装置特点

盘车装置是由壳体、蜗轮蜗杆、链条、链轮、减速齿轮、电动机、润滑油管路、护罩、气动啮合装置等组成的低速盘车装置，安装在汽轮机6号轴承座与7号轴承座之间。驱动电动机型号为Y-200-6型，功率为45kW，转速为980r/min，经减速后，盘车转速为3.35r/min。既可远方操作，也可就地手动盘车。在汽轮机升速超过盘车转速并具有足以使盘车设备脱开的转速时，啮合小齿轮将自动脱开。此时零转速指示器的压力开关将关闭，并提供气动啮合缸活塞下的压缩空气，把操纵杆推向完全脱离啮合的位置。此时，弹簧座上的限位开关被拨到切断盘车电动机电源的位置。

在汽轮机停机时，将控制开关转到盘车装置的自动位置，当转子转速降到600r/min时，自动程序电路将起作用，从而对盘车设备提供充足的润滑油，并使顶轴装置投入运行。当转子停转时，"零转速指示器"中压力开关将闭合，接通供气阀电源并向气动啮合缸提供压缩空气。拨动弹簧座上的限位开关，使盘车电动机启动。

8. 轴承特点

高中压缸和低压缸共6个支持轴承，该轴承由孔径镗到一定公差的4块浇有轴承合金的钢制瓦组成，具有径向调整和润滑功能。推力轴承安装在前轴承箱内。1～2号轴瓦为四瓦块可倾瓦，3～6号瓦为四瓦块短圆瓦。发电机两个轴承采用端盖式轴承，即端盖上设有轴承座，由端盖支撑轴承载荷。轴承采用下半两块可倾式轴瓦，能自调心，稳定性强，抗油膜扰动能力强。为防止轴电流造成伤害，在进油管与外部管道之间加设了绝缘物。

9. 汽封特点

高中低压汽封为迷宫式汽封，高压缸的各汽封约在10%负荷时变成自密封，中压缸的各汽封约在25%负荷时变成自密封，此时，蒸汽排到汽封系统的联箱，再从联箱流向低压汽封。大约在75%负荷下系统达到自密封。如有任何多余蒸汽，会通过溢流阀流往凝汽器。

10. DEH的功能特点

DEH具有"自动（ATC）""操作员自动""手动"三种运行方式；汽轮机的自动升速、同步和带负荷；负荷控制，显示、报警和打印；阀门试验及阀门管理；热应力计算和控制功能；当CCS投入时，DEH系统满足锅炉跟踪、汽轮机跟踪、机炉协调、定压变压运行、快速减负荷（RUNBACK）、手动等运行方式的要求；DEH具有OPC超速保护功能，并可通过DEH操作员站完成汽轮机超速试验；该系统具有检查输入信号的功能，一旦出现故障，给出报警，但仍能维持机组安全。该装置具有内部自诊断和偏差检测装置，当该系统发生故障时，能切换到手动控制，并发出报警；DEH有冗余设置和容错功能，手动、自动切换功能，功率反馈回路和转速反馈回路的投入与切除功能；DEH具有最大、最小和负荷变化率限值的功能；DEH与CCS系统有完善、可靠的接口；DEH所有输出模拟量信号均为4～20mA，并负责提供两线制变送器电源；DEH留有与分散控制系统DCS（CCS、SCS、FSSS、DAS）、旁路控制（BPC）、汽轮机监测保护（TSI）、汽轮机事故跳闸（ETS）、电网ADS及其他设备的接口。

11. 润滑油系统特点

汽轮机润滑油系统由主油泵、交流润滑油泵、直流事故油泵、氢密封油泵、顶轴盘车装置、冷油器、排烟系统、主油箱、射油器、油净化装置等组成，润滑油系统供回油管采用套装管路。汽轮机主轴驱动的主油泵是蜗壳式离心泵，正常运行时，主油泵出口油管向1号射油器、2号射油器、机械超速脱扣和手动脱扣总管、高压密封备用油管供油。1号射油器出口向主油泵入口及低压密封备用油管供油。2号射油器出口向润滑油系统供油。在机组启、停时由交流润滑油泵经冷油器向润滑油系统供油。

三、发电机设备概述

发电机为哈尔滨电机有限责任公司制造的QFSN-600-2YHG同步交流发电机，冷却方式为水-氢-氢，即定子绕组水内冷，定子铁芯及端部结构件氢气表面冷却，转子绕组气隙取气氢内冷冷却方式。发电机的结构形式为封闭密封式。定子铁芯由高导磁、低损耗的无取向冷轧硅钢板冲制并经绝缘处理的扇形片叠装而成。发电机定子绕组为三相、双层、短距绕组，绕组接线为双星形；定子线棒绝缘为 F 级；定子绕组出线端子数为 6 个。发电机转子由高强度导磁的特殊材料整锻而成，转子绕组用高强度精拉含银铜排制造，转子线圈绝缘为 F 级。

发电机出口电压为 20kV；发电机、变压器采用单元接线方式，无出口断路器，发电机经变压器升压后通过架空线接入 220kV 升压站，发电机的效率为 98.99%，机组的额定输出功率为 600MW，最大连续输出功率为 654MW。发电机励磁型式为自并励静止励磁系统。本系统主要由机端励磁变压器、可控硅整流装置、自动电压调节器、灭磁和过电压保护装置、启励装置必要的监测、保护、报警辅助装置等组成。静态励磁控制系统采用 GE 公司微机型自动电压调节装置。

一、二号机组主变分别与两台发电机组成单元接线接入 220kV 变电站。每台发电机出口接一台分裂绕组高厂变和一台双绕组高厂变，带 6kV 厂用三段母线负荷。一、二号机设两台高压启备变，作为两台机组 6kV 厂用段的备用电源。主变由常州东芝变压器有限公司生产，分裂绕组高厂变由常州变压器厂生产，双绕组高厂变由新疆特变公司生产，高压启备变由广东中山 ABB 变压器有限公司生产。主变采用型号为 SFP-720000/220 的三相双绕组变压器，额定电流为 1718/20785A，冷却方式为强迫油循环风冷。采用无载调压。三相分裂绕组高厂变型号为 SFF9-50000/20-50/31.5-31.5MV·A，冷却方式为自然油循环风冷，采用无载调压。额定电流为 1443A/2887A-2887A。三相双绕组高厂变型号为 SF10-31500/20，冷却方式为自然油循环风冷，采用无载调压。启备变采用型号为 SFFZ10-5000/220-50/33-33MV·A 三相分裂绕组变压器，冷却方式为自然油循环风冷，采用有载调压。

第二章　机组设备规范

一、锅炉设备规范（表 2-1）

表 2-1　锅炉设备规范

序号	名称	单位	设计参数	
			BMCR（660MW）	BRL（600MW）
1	锅炉		HG-1900/25.4-YM4	
2	生产厂家		哈尔滨锅炉有限责任公司	
3	过热蒸汽流量	t/h	1900	1808
4	过热蒸汽压力	MPa	25.4	25.28
5	过热蒸汽温度	℃	571	571
6	再热蒸汽流量	t/h	1604	1523
7	再热蒸汽进口压力	MPa	4.65	4.41
8	再热蒸汽出口压力	MPa	4.46	4.23
9	再热蒸汽进口温度	℃	320	315.2
10	再热蒸汽出口温度	℃	569	569
11	省煤器出口水温	℃	320.6	317.7
12	给水温度	℃	283.9	280.5
13	省煤器进口压力	Pa	28.87	28.47
14	过热器减温水温度	℃	283.9	280.5
15	减温水压力	Pa	28.87	28.47
16	一级减温水量	t/h	57	54
17	二级减温水量	t/h	57	54
18	锅炉效率（按低位发热值）	%	93.96	94.05
19	燃煤量	t/h	235.97	226.3
20	炉膛出口温度	℃	1000	985
21	排烟温度	℃	120	117
22	炉膛过量空气系数		1.19	1.19
23	炉膛容积热负荷	kW/m³	82.98	79.6
24	炉膛截面面积热负荷	MW/m²	4.30	4.13
25	煤粉细度（R_{90}）	%	22	22
26	空气预热器出口一次风流量	t/h	347.3	339.3
27	空气预热器出口二次风流量	t/h	1721.7	1638.8
28	一次风温	℃	290.2	286.8

续表

序号	名称	单位	设计参数	
			BMCR（660MW）	BRL（600MW）
29	二次风温	℃	314.5	309.6
30	一次风率	%	19.6	20
31	二次风率	%	80.4	80
32	空气预热器漏风率	%	4.24	4.42

二、汽轮机设备规范

1. 主机设备规范（表 2-2）

表 2-2　主机设备规范

项目	单位	设计数据
型号		CLN600-24.2/566/566
型式		超临界、一次中间再热、三缸四排汽、单轴、双背压、凝汽式
额定功率	MW	600
最大计算功率	MW	662.2
额定转数	r/min	3000
盘车转速	r/min	3.38
转向		从汽轮机向发电机方向看为顺时针方向
通流级数	级	总级数：44 级 高压缸：1 调节级＋9 压力级 中压缸：6 压力级 低压缸：7×2×2 压力级
末级动片长度	mm	1000
轴系临界转速	r/min	设计值： 高、中压转子：1639 低压 1 号转子：1532 低压 2 号转子：1561 发电机转子（一阶/二阶）：813/2201
给水回热系统		3 高压加热器＋1 除氧＋4 低压加热器
控制方式		采用高压抗燃油数字电液调节系统 DEH
高中压转子脆性转变温度（FATT）	℃	121
低压转子脆性转变温度（FATT）	℃	－40
制造厂家		哈尔滨汽轮机厂
投运日期		2006 年 5 月

2. 主要设计参数（表 2-3）

表 2-3 汽轮机主要设计参数

工况\项目	TRL工况	T-MCR工况	VWO工况	THA工况	75%THA 定/滑	50%THA 定/滑	40%THA 定/滑	30%THA 定/滑	高压加热器全停工况	厂用汽工况
功率（MW）	600	638	662	600	450 / 450	300 / 300	240 / 240	— / 180	600	600
热耗率（kJ/kWh）	7931	7578	7595	7560	7660 / 7681	8016 / 8005	8262 / 8248	— / 8537	7817	7962
主蒸汽压力［MPa（a）］	24.2	24.2	24.2	24.2	24.2 / 18.9	24.2 / 12.3	24.2 / 9.66	— / 8.34	24.2	24.2
再热蒸汽压力［MPa（a）］	4.11	4.13	4.33	3.84	2.82 / 2.83	1.93 / 1.93	1.59 / 1.59	— / 1.22	4.03	3.75
主蒸汽温度（℃）	566	566	566	566	566 / 566	566 / 566	566 / 566	— / 558	566	566
再热蒸汽温度（℃）	566	566	566	566	566 / 566	555 / 555	543 / 543	— / 530	566	566
主蒸汽流量（t/h）	1808	1808	1900	1672	1210 / 1213	816 / 809	666 / 659	— / 502	147	1788
再热蒸汽流量（t/h）	1523	1530	1604	1421	1047 / 1054	719 / 717	591 / 590	— / 452	1482	1397
高压缸排汽压力［MPa（a）］	4.57	4.59	4.81	4.27	3.13 / 3.15	2.15 / 2.14	1.77 / 1.76	— / 1.35	4.48	4.17
低压缸排汽压力［kPa（a）］	11.8	5.8	5.8	5.8	5.8 / 5.8	5.8 / 5.8	5.8 / 5.8	5.8 / 5.8	5.8	5.8
低压缸排汽流量（t/h）	1042	1046	1086	986	763 / 768	552 / 551	464 / 462	— / 364	1073	930
补给水率（%）	3	0	0	0	0 / 0	0 / 0	0 / 0	— / 0	0	5.22
末级高压加热器出口给水温度（℃）	280.0	280.1	283.4	275.1	255.6 / 256.0	233.5 / 233.3	222.7 / 222.5	— / 208.9	189	276.8

注：TRL—铭牌工况；FMCR—最大连续功率工况；VWO—调节门全开工况；THA—热耗率验收工况。

3. 各级抽汽参数（表2-4、表2-5）

表2-4　汽轮机额定负荷（THA工况）时各级抽汽参数

抽汽级数	流量（t/h）	压力［MPa（a）］	温度（℃）	允许的最大抽汽量（t/h）
第一级（至1号高压加热器）	94.66	6.03	355.2	112.88
第二级（至2号高压加热器）	125.55	4.14	309.4	152.93
第三级（至3号高压加热器）	67.47	2.14	474.3	80.11
第四级（至除氧器）	78.37	1.002	368.1	102.35
第四级（至小汽轮机/厂用汽）	83.75	1.055	368.1	101.41
第五级（至5号低压加热器）	83.73	0.41	253.2	97.22
第六级（至6号低压加热器）	41.43	0.123	130.6	47.46
第七级（至7号低压加热器）	48.04	0.0601	86	53.28
第八级（至8号低压加热器）	43.53	0.0225	62.6	48.72

表2-5　汽轮机VWO工况下各级抽汽参数

抽汽级数	流量（t/h）	压力［MPa（a）］	温度（℃）
第一级（至1号高压加热器）	113.92	6.845	370.8
第二级（至2号高压加热器）	147.24	4.67	323
第三级（至3号高压加热器）	77.57	2.42	474.7
第四级（至除氧器）	91.38	1.122	368.6
第四级（至小汽轮机/厂用汽）	107.24	1.18	368.6
第五级（至5号低压加热器）	96.58	0.456	254.2
第六级（至6号低压加热器）	47.69	0.137	132.5
第七级（至7号低压加热器）	55.26	0.067	88.7
第八级（至8号低压加热器）	53.91	0.025	64.9

三、发电机及励磁设备规范

1. 发电机规范（表2-6）

表2-6　发电机规范

名称	单位	设计值	试验值	保证值	备注
发电机型号		QFSN-600-2YHG			
额定容量 S_N	MVA	666.667			
额定功率 P_N	MW	600	600	600	扣除静态励磁消耗的功率
最大连续输出功率 P_{max}	MW	654或与汽轮机匹配		654	
对应汽轮机VWO工况下发电机冷却器进水温度	℃	33			
额定功率因数 $\cos\phi_N$		0.9（滞后）			
定子额定电压 U_N	kV	20			

续表

名称	单位	设计值	试验值	保证值	备注
定子额定电流 I_N	A	19245			
额定频率 f_N	Hz	50			
额定转速 n_N	r/min	3000			
额定励磁电压 U_{fN}	V	421.8			
额定励磁 I_{fN}（计算值）	A	4128			
定子绕组接线方式		2Y			
冷却方式		水-氢-氢			
励磁方式		机端变静止励磁			

2. 发电机励磁参数（表 2-7）

表 2-7　发电机励磁参数

1. 基本参数	
发电机型号	QFSN-600-2YHG
额定功率 P_N	600MW
额定电压 U_N	20kV
功率因数 $\cos\varphi_N$	0.9（滞后）
转子绕组电阻 R_f	0.098 Ω
空载励磁电流 I_{f0}	1480A
空载励磁电压 U_{f0}	144V
额定励磁电流 I_{fN}	4128A
额定励磁电压 U_{fN}	421.8V
激磁绕组时间常数 T	8.27s
2. 励磁变压器参数	
型式	三相干式
容量	6300kV·A
初级线电压	20kV
满载二次线电压	880V
短时过载能力	110%
频率	50Hz
线组别	Y，d-11
3. 励磁功率柜参数	
整流方式	三相全控桥
整流柜数量	3个
并联支路数/整流桥数	3/3
冷却方式	强迫风冷
额定电压	500V（DC）
顶值电压	843.6V（DC）

续表

可控硅阻断电压	4300V
噪声	＜65db
4. 磁场开关基本参数	
额定电流	6000A
额定电压	1000V
开断电压	1900V（DC）
最大开断电流	100kA
5. 氢气系统技术数据	
最大连续功率时压力	0.4MPa（g）
额定压力	（0.4±0.02）MPa（g）
6. 发电机机座内氢气纯度	
额定	98％
最小	95％
发电机补氢纯度	＞99％
发电机补氢湿度（露点）	－50℃

第三章　机组主要控制系统

一、炉膛安全监控系统（FSSS）

炉膛安全监控系统（FSSS）主要功能包括点火前炉膛吹扫、油燃烧器管理、煤燃烧器管理、二次风挡板联锁控制、火焰监视、燃料跳闸、跳闸原因记忆。

二、顺序控制系统（SCS）

顺序控制系统（SCS）主要功能包括有关辅机的启停及其系统阀门的开关控制、有关辅机及其系统的联锁保护。

三、模拟量控制系统（MCS）

（一）模拟量控制系统主要功能

控制锅炉的汽温、汽压及燃烧率；改善机组的调节特性，增加机组对负荷变化的适应能力；主要辅机故障时进行 RUNBACK 处理；机组运行参数越限或偏差超限时进行负荷增减闭锁，负荷快速增减及跟踪等处理；FSSS 配合，保证燃烧设备的安全运行。

（二）机组协调控制系统运行方式

单元机组有五种控制方式，即基本模式（BM）、炉跟机方式（BF）、机跟炉方式（TF）、机炉协调方式（CCS）、自动发电控制（AGC）。

1. 基本模式（BM）

基本模式是一种比较低级的控制模式，其适用范围：机组启动及低负荷阶段；机组给水控制手动或异常状态。其策略为汽轮机主控和锅炉主控都在手动运行方式。在该方式下，单元机组的运行由操作员手动操作，机组的目标负荷指令跟踪机组的实发功率，为投入更高级的控制模式做准备。机组功率变化通过手动调整汽轮机调节阀控制；主汽压力设定值接受机组滑压曲线设定，实际主汽压力和设定值的偏差作为被调量，由燃料、给水及旁路系统共同调节。在任何控制模式下，只要给水主控从自动切换为手动，则机组的控制模式都将强制切换为基本模式控制。

2. 炉跟机方式（BF）

其控制策略为炉主控自动，调节主汽压力；汽轮机主控调节机组功率，可以自动也可以手动。主汽压力设定值接受滑压曲线设定，锅炉主控根据实际主汽压力和主汽压力设定值的偏差进行调节。

当汽轮机主控在手动时，机组功率通过操作员手动调节或由 DEH 自动调功，可称之为BF1 方式。其适用范围：锅炉运行正常，汽轮机部分设备工作异常或机组负荷受到限制。

当汽轮机主控在自动时，可称之为协调的炉跟机方式（BF2）。此时锅炉主控和汽轮机主控同时接受目标负荷的前馈信号，机组功率由汽轮机调节，目标负荷由操作员手动给定。其适用范围：锅炉汽轮机都运行正常，需要机组参与调峰运行。

3. 机跟炉方式（TF）

其控制策略为汽轮机主控自动，调节主汽压力；主汽压力接受机组滑压曲线设定；锅炉主控调节机组功率，可以自动也可以手动。

当锅炉主控在手动，机组功率取决于锅炉所能提供的输出负荷，不接受任何负荷要求指令，可称之为TF1方式。其适用范围：汽轮机运行正常，锅炉不具备投入自动的条件。

当锅炉主控在自动，可称之为协调的机跟炉方式TF2。此时汽轮机主控和锅炉主控都接受目标负荷的前馈信号，机组功率由锅炉调节，目标负荷由操作员手动给定。其适用范围：汽轮机锅炉都运行正常，带基本负荷；当锅炉运行不稳定或发生异常工况（如RB）时。

4. 机炉协调方式（CCS）

机炉协调方式实际是机跟炉协调方式和炉跟机协调方式的合成，要求汽轮机主控和锅炉主控都为自动。按照所依赖的控制方式不同，可分为两种控制策略。

以炉跟机为基础的机炉协调方式：在该方式下，锅炉主控调节主汽压力，主汽压力设定值接受机组滑压曲线设定；汽轮机主控既调节机组功率又调节主汽压力，但其调功系数大于调压系数，即调功为主、调压为辅。目标负荷为操作员手动给定，锅炉主控和汽轮机主控同时接受目标负荷的前馈信号，可以参与电网一次调频。本机组采用这种机炉协调方式，优点是能够快速响应负荷变化要求，缺点是锅炉调节波动较大，对锅炉的动态特性要求较高。

以机跟炉为基础的机炉协调方式：在该方式下，锅炉主控调节机组功率，目标负荷为操作员手动给定；汽轮机主控既调节主汽压力又调节机组功率，但其调压系数大于调功系统，即调压为主、调功为辅。锅炉主控和汽轮机主控同时接受目标负荷的前馈信号，可以参与一次调频。其优点是机组运行稳定，压力波动小；缺点是调峰能力稍弱。机组正常运行时应尽可能采用机炉协调控制方式。

5. 自动发电控制（AGC）

自动发电控制方式的控制策略和机组协调方式的控制策略唯一不同在于目标负荷指令的来源。当在机炉协调控制方式下满足自动发电控制的条件时，可以采用自动发电控制模式，此时机组的目标负荷指令由调度控制系统给定，操作员不能进行干预。为防止在低负荷阶段产生危险工况，必须对自动发电控制的负荷低限做出限制。自动发电控制模式的投运和退出根据调度的命令执行。

(三) 子控制回路自动条件

1. 锅炉主控自动条件

给水自动：至少一台给水泵在自动状态。

燃料自动：至少一台磨煤机在自动状态或燃油控制自动或混烧控制。

发变组出口断路器闭合。

风量自动：所有二次风控制挡板自动，送风压力（风量）控制自动，炉膛压力控制自动。

2. 汽轮机主控自动条件

控制指令无异常。

汽轮机初始负荷完成。

无汽轮机限制条件。

(四) 机组运行操作方式

1. 基本方式 (BM)

当满足下列条件时, 机组处于基本运行方式:

1) 高旁压力调节阀关闭。
2) 汽轮机主控手动。
3) 锅炉主控手动。

基本方式的投入操作:

1) 在机组控制画面将锅炉主控切为手动。
2) 在机组控制画面将汽轮机主控切为手动。
3) 在机组控制画面将 BM 块投入。
4) 在基本运行方式时, 机组控制画面上基本方式 BM 显示块变红。

发生下列情况, 机组自动退出基本运行方式:

1) 高旁阀开启。
2) 锅炉主控投入自动。
3) 汽轮机主控投入自动。

2. 锅炉跟随方式 (BF)

满足下列条件, 机组处于锅炉跟随运行方式:

1) 高旁压力调节阀关闭。
2) 汽轮机主控手动。
3) 锅炉主控自动。
4) 发变组出口断路器闭合。
5) 机组无 RB 指令。
6) 机组压力控制方式为初始压力。

锅炉跟随方式的投入操作 (在基本方式下, 执行以下步骤):

1) 在风烟系统画面上将引风机 A 或引风机 B 静叶投入自动。
2) 在风烟系统画面上将送风机 A 或送风机 B 动叶投入自动。
3) 在风烟系统画面上将氧量主控投入自动。
4) 将一台或以上磨煤机负荷投入自动。
5) 将进油调节投自动或将燃料主控投自动。
6) 将给水主控投自动。

发生下列情况, 机组自动退出锅炉跟随运行方式:

1) 锅炉主控切为手动。
2) 汽轮机主控切为自动。
3) 高旁阀开启。

以下任意一项条件满足时锅炉主控切为手动:

1) 设定值与被调量偏差大。
2) 主蒸汽压力信号异常。
3) MFT 动作。
4) 机组功率信号异常。

3. 汽轮机跟随方式（TF）

满足下列条件，机组处于汽轮机跟随运行方式：

1）汽轮机主控自动。

2）锅炉主控手动、燃料主控手动或给水主控手动。

3）高旁阀关闭。

汽轮机跟随方式投入操作：

1）基本方式下，在控制面板将调节器设定块投入自动。

2）在机组控制画面将汽轮机主控投入自动。

4. 协调方式（CCS）

协调方式投入的条件：

1）炉膛压力控制自动。

2）二次风风压控制自动。

3）一次风风压控制自动。

4）氧量校正控制自动。

5）二次风挡板风量控制自动。

6）磨煤机一次风量控制自动。

7）给煤机转速控制自动。

8）给水主控自动。

9）煤水比控制自动。

满足下列条件，机组工作在协调运行方式：

1）发变组出口断路器闭合。

2）高旁关闭。

3）汽轮机主控自动。

4）锅炉主控自动。

5）机组无 RB 指令。

6）压力控制器处于初始压力控制。

协调方式下，汽轮机主控或锅炉主控任一切手动，将退出协调运行方式。

协调方式的投入操作：

1）在机组控制画面将锅炉主控和汽轮机主控均投入自动。

2）在机组控制画面将协调方式投退块投入自动。

5. 单元机组负荷远方自动控制方式（AGC）

AGC 投入的条件：

1）机组在协调运行方式。

2）机组实际负荷大于 300MW。

3）实际负荷与 ADS 指令偏差不大。

4）ADS 指令正常。

5）ADS 指令在 100～600MW 之间。

6）"AGC 调整信号投入"信号满足。

7）当机组在 CCS 方式运行时，若 AGC 系统正常可投用，在机组控制画面上选择 AGC 运行方式，目标负荷由电网遥控。

发生下列任一情况，目标负荷自动退出 ADS 外部设定，跟踪实际负荷：

1）锅炉主控手动。

2）机组发生 RB。

3）锅炉跟随方式。

4）炉膛无火焰。

5）汽轮机手动或 DEH 限制条件有效。

6）ADS 负荷指令与实际负荷偏差大于设定值。

ADS 通道故障，目标负荷自动退出 ADS 外部设定，由运行人员手动设定。

四、数字电液调节系统（DEH）

（一）DEH 的主要功能

汽轮机转速控制、自动同期控制、负荷控制、一次调频、协调控制、快速减负荷（RUNBACK）、主汽压控制（TPC）、多阀（顺序阀）控制、阀门试验、OPC 控制、汽轮机自动控制（ATC）、双机容错、与厂用计算机 DAS 系统或 DCS 通信，实现数据共享手动控制。

（二）自动调节系统

自动调节系统包括转速控制和负荷控制，负荷调节是三个回路的串级调节系统，通过对高压调门的控制来调节机组负荷，运行方式见表 3-1。

表 3-1　自动调节系统运行方式

方式	调节级压力回路 WS	功率调节回路 MW	转速一次调频回路 IMP	说明
阀位控制	OUT	OUT	OUT	阀门位置给定控制
定协调	OUT	IN	OUT	
功-频运行	IN	IN	IN	参与电网一次调频
纯转速调节	OUT	OUT	IN	

（三）其他调节

其他调节主要包括自动同步调节（AS）、协调控制（CCS）、快速减负荷（RUNBACK）。

（四）OPC 保护系统

中压排汽压力 IEP>30％时，发变组出口断路器同时出现断开时，OPC 电磁阀动作关闭 GV、IV，延时 5s 后，转速 n<103％，OPC 电磁阀复位，GV、IV 打开。在任何情况下，只要转速 n>103％，关 GV、IV；n<103％时恢复。

（五）阀门管理

1）单阀控制：所有高压调门开启方式相同，各阀开度一样。其特点：节流调节，全周进汽。一般冷态或带基本负荷运行用单阀控制。

2）多阀控制：调门按预先给定的顺序依次开启。其特点：喷嘴调节，部分进汽。机组带部分负荷运行采用多阀控制。

单阀控制与多阀控制两种方式之间可无扰动切换。

（六）运行方式选择

1）操作员自动操作（简称自动）：

（1）在升速期间，可以确定或修改机组的升速率和转速目标值。

（2）在机组并网运行后，可随时修改机组的负荷目标值及变负荷率。

（3）可进行从中压缸启动到主汽门控制的阀切换。

（4）可进行从主汽门控制到高压调门控制的阀切换。

（5）可进行单阀/多阀控制的切换。

（6）当机组到达同步转速时，可投入自动同步。

（7）可投入功率反馈回路或调节级压力回路。

（8）机组并网后，可投入转速回路（一次调频）。

（9）投入遥控操作。

（10）汽轮机自启动（ATC）。

2）ATC程序能自动完成下列功能：

（1）从冲转到达同步转速自动进行。

（2）根据汽轮机应力及临界转速等自动设定升速率、确定暖机时间、自动进行阀切换。

（3）条件允许时可自动投入、自动同步和并网。

（4）并网后由热应力及机组的其他状况，确定升负荷率或进行负荷保持、报警等。

（5）遥控自动操作。

与ATC相联系的3个按钮：

ATC控制：按下此按钮可使ATC进入运行状态，如遇紧急情况，可直接按ATC监视或自动键退出ATC控制，进入操作员自动方式。

ATC限制条件超越键：当某充分条件限制ATC进行时可按此键，越过此条件继续进行。

ATC监视：如要进入ATC启动，必须先进入ATC监视，当条件满足后，按下ATC控制键才会有效。

3）一般情况下，都在操作员自动方式下投入遥控操作，DEH的目标值由遥控源决定，包括自动同步和协调方式。

4）自动同步必须满足下列条件：

（1）DEH处于"自动"或"ATC控制"方式。

（2）DEH处于"高压调门"控制方式。

（3）发电机出口断路器断开。

（4）自动同步允许触点闭合。

（5）汽轮机转速在同步范围内。

5）协调方式必须满足下列条件：

（1）DEH必须运行在自动或ATC控制方式。

（2）发电机出口断路器开关必须闭合。

（3）遥控允许触点必须闭合。

6）控制方式选择：

（1）主汽门/高压调门控制切换。

（2）调节级压力回路投入。

（3）功率回路投入。

（4）转速回路投入。

（5）单/多阀控制。

（6）主蒸汽压力控制（TPC）。

（7）定压投入。

（8）旁路投入、切除。

（9）阀门试验。

第二篇

仿真机集控运行

第四章　机组启动

第一节　启动规定及要求

一、启动要求

1) 机组大修后启动，应由总工程师主持，发电部、设备部部长、部门主管等有关人员参加。

2) 机组小修后启动，应由总工程师或发电部部长主持，发电部、设备部部长、部门主管等有关人员参加。

3) 机组正常启动由值长统一指挥并主持集控人员按规程启动，发电部主管负责现场技术监督和技术指导。

4) 机组大小修后启动前应检查有关设备、系统异动、竣工报告及油质合格报告齐全。

5) 确认机组检修工作全部结束，工作票全部注销，现场卫生符合标准，有关检修临时工作平台已拆除，冷态验收合格。

6) 机组大小修后由设备部负责统一协调安排、发电部配合做各阀门传动试验。

7) 热工人员做好有关设备、系统联锁及保护试验工作，并做好记录。

8) 准备好开机前各类记录表单及振动表、听针等工器具。

9) 所有液位计明亮清洁，各有关压力表、流量表及保护仪表信号一次门全部开启。

10) 联系热工人员将主控所有热工仪表、信号、保护装置送电。

11) 检查确认各转动设备轴承油位正常、油质合格。

12) 所有电动门、调整门、调节挡板送电，显示状态与实际相符合。

13) 确认各电气设备绝缘合格、外壳接地线完好后、送电至工作位置。

14) 当机组大小修后或受热面泄漏大面积更换管完毕后需安排锅炉水压试验，试验要求及方法见试验规程。

15) 检查确认机组膨胀指示器已投入，并记录原始值。

二、机组禁止启动条件

1) 影响启动的安装、检修、调试工作未结束，工作票未终结和收回，设备现场不符合《电业安全工作规程》的有关规定。

2) 机组主要检测仪表或参数失灵。

3) 机组主保护有任一项不正常。

4) 机组主保护联锁试验不合格。

5) 机组主要调节装置失灵。

6）机组仪表及保护电源失去。

7）DEH 控制系统故障。

8）FSSS 监控装置工作不正常。

9）MCS 控制系统工作不正常。

10）厂用仪表压缩空气系统工作不正常，压缩空气压力低于 0.5MPa。

11）汽轮机调速系统不能维持空负荷运行，机组甩负荷后不能控制转速在危急遮断器动作转速以下。

12）任一主汽阀、调节阀、抽汽逆止门卡涩或关不严。

13）转子偏心度大于 0.076mm。

14）盘车时有清楚的金属摩擦声，盘车电流明显增大或大幅度摆动。

15）汽轮机上、下缸温差：内缸＞35℃，外缸＞42℃。

16）胀差达极限值。

17）汽轮机监控仪表 TSI 未投入或失灵。

18）润滑油和抗燃油油箱油位低、油质不合格，润滑油进油温度不正常。

19）高压密封油泵、交流润滑油泵、直流事故油泵及 EH 油泵任一油泵故障；润滑油系统、抗燃油供油系统故障和顶轴装置、盘车装置失常。

20）汽轮机旁路调节系统工作不正常。

21）汽水品质不符合要求。

22）发电机 AVR 工作不正常。

23）柴油机不能正常备用。

24）发电机最低氢压低于 0.2MPa。

25）发电机氢气纯度＜98％。

26）保温不完整。

27）发现有其他威胁机组安全启动或安全运行的严重缺陷。

三、机组主要检测仪表

1）转速表。

2）转子偏心度表。

3）转子轴向位移指示。

4）高、中压主汽阀、调节阀的阀位指示。

5）高、低旁路阀位、温度指示。

6）凝汽器、加热器、除氧器、疏水箱水位计及油箱油位计。

7）润滑油、EH 油系统的压力表。

8）轴承温度表。

9）凝汽器真空表。

10）蒸汽、再热蒸汽、高中低压缸排汽压力及温度表。

11）汽缸金属温度表。

12）机组振动记录表。

13）机组总胀及胀差表。

14）主蒸汽、再热蒸汽、凝结水流量表及锅炉给水、再循环流量表。

15）主、再热蒸汽温度表。

16）储水箱内、外壁温度表、各级锅炉受热面出口汽、水温度表。

17）锅炉各受热面管壁温度表。

18）储水箱水位表。

19）锅炉风量表、氧量表、炉膛负压表。

20）锅炉排烟温度表、热一次风温度表、热二次风温度表。

21）发电机氢气纯度、氢气压力表。

22）发电机电压表、电流表、频率表、同期表和主变温度表。

23）发电机有功功率表和无功功率表。

四、机组启动状态（表 4-1）

表 4-1　机组启动状态

机组冷态	汽轮机第一级金属温度＜120℃	长期停机之后
机组温态 1	120℃≤汽轮机第一级金属温度＜280℃	停机超过 72h
机组温态 2	280℃≤汽轮机第一级金属温度＜415℃	停机 10～72h
机组热态	415℃≤汽轮机第一级金属温度＜450℃	停机 1～10h
机组极热态	450≤汽轮机第一级金属温度	停机不到 1h

锅炉状态规定（根据锅炉停炉时间 t 划分）：

冷态：　　72h＜t　　　　　温态：　　10h≤t＜72h

热态：　　1h≤t＜10h　　　极热态：　　0h≤t＜1h

第二节　启动前检查准备

一、启动前检查工作

1）机组检修工作完工，影响启动的工作票注销。

2）楼梯、栏杆、平台应完整，通道及设备周围无妨碍工作和通行的杂物。

3）所有的烟风道、系统应连接完好，各人孔门、检查孔关闭，管道支吊牢固，保温完整。

4）厂房内各处的照明良好，事故照明系统正常。

5）厂房内通信系统正常。

6）消防水系统正常、消防设施齐全。

7）锅炉本体各处膨胀指示器正常。

8）所有的吹灰器及锅炉烟温探针均应退出炉外。

9）炉膛火焰电视摄像装置完好。

10）准备好电除尘振打装置，排灰系统正常。

11）炉底水封良好，无积灰，溢水正常，捞渣机具备投入条件。

12）检查确认省煤器排灰斗内无杂物，投入灰斗水封。

13）磨煤机石子煤排放系统正常，具备投运条件。出灰、出渣系统正常，可随时投入运行。

14）炉水循环泵发动机腔充满清洁的除盐水。

15）检查确认锅炉汽水系统具备锅炉上水条件。

16）汽轮机本体各处保温完整。

17）确认汽轮机高低压疏水门开启。

18）汽轮机各高中压主汽门、调门及控制机构正常。

19）汽轮机滑销系统正常，缸体能自由膨胀。

20）排汽缸安全门完好。

21）主油箱事故放油门关闭，应加铅封、挂禁止操作牌。

22）确认电气设备各处所挂地线、短路线、标示牌、脚手架等安全设施已拆除，常设栅栏警告牌已恢复。

23）摇测发电机定子绝缘，确认绝缘电阻值不应降低到前次的 1/3。

24）摇测发电机转子绝缘，确认绝缘电阻值 5MΩ 以上（当温度在 10～30℃ 范围内时）；如果测量的绝缘电阻值低于上述允许值而无法恢复时，应汇报总工程师。

25）测量定子绕组绝缘电阻合格。

26）当温度在 10～30℃ 范围内时，定子绕组的吸收比 R_{60}/R_{15} 应不小于 1.3，否则应对其进行干燥处理。

27）检查确认发电机出口 PT 完好投入，二次开关合上。

28）检查确认发电机大轴接地碳刷装置完好。

29）发电机系统接地刀闸拉开及接地线全部拆除。

◆新安装的锅炉在启动前应进行哪些工作？

答：这些工作包括：

1）水压试验（超压试验），检验承压部件的严密性。

2）校验辅机试转及各电动门、风门。

3）烘炉。除去炉墙的水分及锅炉管内积水。

4）煮炉与酸洗。用碱液清除蒸发系统受热面内的油脂、铁锈、氧化层和其他腐蚀产物及水垢等沉积物。

5）炉膛空气动力场试验。

6）冲管。用锅炉自生蒸汽冲除一、二次汽管道内杂渣。

7）校验安全门等。

二、系统投入

1）直流系统投入。

2）厂用电系统投入，所有具备送电条件的设备均已送电。

3）UPS 系统投入。

4）投入循环水系统、闭式冷却水系统。

5）点火前 24h 除尘器灰斗及绝缘子加热投入。

6）投入厂用压缩空气系统。

7）启动空气预热器。

8）联系燃油泵站启动供油泵。

9）投入润滑油系统，检查确认高压密封油泵、交流润滑油泵运行正常，确认润滑油压正常。直流润滑油泵控制开关投"自动"。投入密封油系统运行，调整空侧密封油压比发电机内气体压力高 0.084MPa，密封油空、氢侧压差小于 0.49kPa。

10）发电机置换氢气合格。

11）确认补水箱水质合格且定子排空气已尽，投入发电机内冷水系统。

12）启动顶轴油泵，投入连续盘车，记录有关参数。

13）投入抗燃油系统。

14）投入辅助蒸汽系统（联系启动炉或邻机）。

15）检查凝结水补水箱水位正常，启动补充水泵，向凝汽器注水。

16）投入凝结水系统。冲洗凝汽器冲洗，直至水质合格。启动炉上水泵向除氧器上水。冲洗除氧器，直至冲洗水质合格。

17）启动除氧器循环泵，投入加热系统，锅炉上水前联系化学值班人员加药。

18）轴封暖管。

第三节　机组冷态启动

◆**超临界锅炉启动系统的作用有哪些？**

1）建立启动系统和启动流量，保证给水连续地通过省煤器和水冷壁，尤其是保证水冷壁的足够冷却和水动力的稳定性。

2）回收锅炉启动初期排出的热水、汽水混合物、饱和蒸汽，以及过热度不足的过热蒸汽，以实现工质和热量的回收。

3）在机组启动过程中，实现锅炉各受热面之间和锅炉与汽轮机之间工质状态的配合。单元机组启动过程初期，汽轮机处于冷态，为了防止温度不高的蒸汽进入汽轮机后凝结成水滴，造成叶片的水击，启动系统应起到固定蒸发受热面的终点，实现汽水分离的作用，从而使给水量调节、汽温调节、燃料量调节相对独立，互不干扰。

4）根据实际需要，启动系统还可以设置锅炉与汽轮机协调运行的旁路系统，实现停机不停炉和汽轮机带厂用电的运行方式，以适应机组调峰快速变负荷的调节需要。但近年来为了简化启动系统，实现系统的快速、经济启动，并简化启动操作，有的启动系统不再设置保护再热器的旁路系统，而以控制再热器的进口烟温和提高再热器的金属材料的档次，保证再热器的安全运行。

5）启动初期，将含铁量不合格的蒸汽直接排到凝汽器，防止 Fe_2O_3 固体颗粒对汽轮机动叶和静叶的冲击，以使汽轮机叶片免受侵蚀。

◆**带有循环泵的启动系统的优点是什么？**

1）减少直流锅炉启动过程中的工质损失和热量损失。只要水质合格，分离器出来的循环水进入省煤器和水冷壁多次循环，而不必排到扩容器或凝汽器，因而达到最大限度的节水和节能效果。

2）加快启动速度，节省启动燃料，提高机组对负荷变化的跟踪性能。

3）启动时间更短，调节更灵活，运行更稳定。因为避免了疏水，给水量可以缓慢递增，就能保持分离器水位；同时，燃料量投入速度也可以有效控制，有利于保持平稳的水煤比增长。

4）满足带基本负荷和参与快速调峰的要求。

5）减少启动过程中工质对循环泵和水冷壁的热冲击。

6）控制灵活快速，在各种启动条件下，由于汽水膨胀的产生，水位会突然膨胀和收缩，采用循环泵和高水位控制阀快速调节循环流量和水箱水位，保证锅炉的正常启动及运行。

7）有利于大气环境、水资源环境和土地环境的保护。

◆超临界直流锅炉如何上水和控制水位？

答：锅炉冷态启动时，首先通过给水泵给锅炉上水。在此期间省煤器放气阀打开，以便排除省煤器中的空气。当储水箱中的水位达到高水位后，高水位控制阀（341）开启，以控制储水箱的水位。

在点火之前，保持给水量约 30%BMCR，给水品质应符合标准要求。如果给水品质不良，可以用给水泵将水送入水冷壁，经汽水分离器后，由储水箱排至凝汽器，进入水处理设备处理。对严重污染的水，可就地排放。

给水品质满足要求后，给水泵流量减小至 7%BMCR，其中 4%BMCR 的流量直接进入省煤器，另外 3%BMCR 流量经过冷水管道进入储水箱。当负荷增加至大于 7%BMCR 时，给水流量随着负荷的增加而增加。在循环泵运行的工况下，水冷壁的流量一直保持在 30%BMCR。

给水品质满足要求后，可减小给水泵流量，启动再循环泵，建立水冷壁的工质循环。此过程中，分离器和储水箱与汽包的作用，储水箱水位由高水位控制阀控制。

锅炉点火后，水在水冷壁中被迅速加热，产生气泡，形成汽水混合物，并迅速膨胀。此时将储水箱两个高水位控制阀全部打开，以控制储水箱的水位。随着蒸汽流量的增加，给水泵应逐渐增加流量以维持锅炉负荷增加的需要。

当汽水分离器由湿态运行转变为干态运行时，汽水分离器出口为微过热蒸汽，锅炉进入直流运行模式，再循环泵关闭。

◆什么是直流锅炉的热膨胀？

直流锅炉启动时必须在蒸发段建立启动流量和启动压力。

点火后，直流锅炉蒸发段工质的温度逐渐升高，达到饱和温度后开始汽化，工质比容突然增大很多。汽化点后的水被迅速推出进入分离器，此时分离器水位迅速升高，分离器排水时远大于给水量。这种现象称为直流炉启动过程中的热膨胀现象。

自然循环锅炉也有工质的膨胀，但由于汽包的作用，膨胀时只引起汽包水位的升高，因此，在锅炉点火前汽包水位应较低，以防满水。直流锅炉在启动过程中，如果对工质膨胀过程控制不当，将引起锅炉和启动分离器超压。

◆为什么直流锅炉启动时必须建立启动流量和启动压力？

汽包锅炉启动时，水冷壁的冷却依靠逐步建立的自然循环工质。直流锅炉不同于汽包锅炉，启动过程中必须有连续不断的给水流经蒸发段以冷却之。同时为了保证受热的蒸发段不致在压力较低时发生汽化，使部分管子得不到充分冷却而烧坏，直流锅炉启动时还需建立一定的启动压力。

◆直流锅炉在启动过程中为什么要严格控制启动分离器水位？

控制启动分离器水位的意义在于：

启动分离器水位过高会造成给水经过热器进入汽轮机尤其是在热态启动时会给汽轮机带来严重危害，也会使过热器产生极大的热应力，损伤过热器。

启动分离器水位过低，有可能造成汽水混合物大量排泄，使过热器得不到充足的冷却工质造成超温，即所谓的"蒸汽走短路"现象。

一、炉前给水管路清洗及锅炉上水清洗

当除氧器水质合格后，启动锅炉上水泵维持除氧器水位。启动电动给水泵，经高压加热器水侧直至锅炉给水截止阀，进行冲洗，用给水截止阀处的疏水管排水，直至达到合适的铁离子含量（$Fe < 200\mu g/L$）。

1）机组大修后启动，应在上水前记录锅炉膨胀指示器一次。

2）锅炉上水时要求炉水循环泵已注水或保持连续注水状态。

3）用给水旁路调整阀及电泵勺管，控制以 $60 \sim 100t/h$ 向锅炉上水，冷态上水温度一般在 $30 \sim 70℃$。

4）锅炉上水冲洗（开式清洗）：向锅炉上水初期应打开所有锅炉侧疏水阀，水排到疏水扩容器，进行开式清洗，直到含铁量达到合格时再按顺序逐步关闭以下疏水阀：省煤器入口、水冷壁入口集箱、螺旋管圈出口集箱、折焰角入口汇集联箱、炉水循环泵管路、储水箱溢流阀。储水箱出口水质：$Fe < 500\mu g/L$。

5）锅炉循环清洗：为提高清洗效率，可投入除氧器加热。当储水箱水位达到 2350mm 时即可启动炉水循环泵。调整给水流量（20%BMCR）和炉水循环泵流量（35%），使水冷壁的循环流量达到 55%BMCR，进行锅炉系统循环清洗，清洗水排到冷凝器，使炉水中的铁离子含量得到最有效的改善。省煤器进口水质：$Fe < 100\mu g/L$；$pH \leqslant 9.2 \sim 9.5$；电导率 $< 1\mu s/cm$。

6）锅炉点火前，打开下列锅炉疏水：包墙环形集箱疏水阀、一级过热器入口疏水阀、屏式过热器出口汇集集箱疏水阀、主蒸汽管路暖管及主蒸汽管路，高、低压旁路低点疏水、低温再热器入口集箱疏水阀；打开下列锅炉空气门：螺旋水冷壁出口集箱空气门、折焰角入口汇合集箱空气门、分离器引入管空气门、分离器出口管空气门、尾部包墙空气门（2路）、屏过入口空气门、屏过出口空气门、末过出口空气门（2路）。

7）燃烧器未点火前，DCS 系统自动打开省煤器排气阀。

◆为了节约燃油，锅炉可采用等离子点火器点火。在最下层燃烧器处，安装了 5 台等离子点火煤粉燃烧器及附属配套设备。等离子点火燃烧器具有锅炉启动点火及锅炉低负荷稳燃两种功能。

◆等离子点火机理是什么？

等离子点火装置是利用直流电流在介质气压大于 0.01MPa 的条件下接触引弧，并在强磁场控制下获得稳定功率的直流空气等离子体，该等离子体在专门设计的燃烧器的中心燃烧筒中形成温度 $T > 5000K$ 的梯度极大的局部高温区，煤粉颗粒通过该等离子"火核"受到高温作用，并在 $10^{-3}s$ 内迅速释放出挥发物，使煤粉颗粒破裂粉碎，从而迅速燃烧。由于反应是在气相中进行，使混合物组分的粒级发生了变化。因而使煤粉的燃烧速度加快，也有助于加速煤粉的燃烧，这样就大大地减少点燃煤粉所需要的引燃能量。

等离子体内含有大量化学活性的粒子，如原子（C、H、O）、原子团（OH、H_2、O_2）、离子（OH^-、O^-、H^+等）和电子等，可加速热化学转换，促进燃料完全燃烧。

◆ **采用等离子点火燃烧器点火和稳燃与传统的燃油相比，有哪些优点？**

1）经济：采用等离子点火运行和技术维护费仅是使用重油点火时费用的15％～20％，对新建电厂，可以节约上千万元的初投资和试运行费用。

2）环保：由于点火时不燃用油品，电除尘装置可以在点火初期投入，因此，减少了点火初期排放大量烟尘对环境的污染；另外，电厂采用单一燃料后，减少了油品的运输和储存环节，亦改善了电厂的环境。

3）高效：等离子体内含有大量化学活性的粒子，如原子（C、H、O）、原子团（OH、H_2、O_2）、离子（OH^-、O^-、H^+等）和电子等，可加速热化学转换，促进燃料完全燃烧。

4）简单：电厂可以单一燃料运行，简化了系统和运行方式。

5）安全：取消炉前燃油系统，也自然避免了经常由于燃油系统造成的各种事故。

二、锅炉点火前吹扫准备

1）启动一台火焰监视冷却风机，检查确认冷却风母管压力大于7kPa。

2）投入炉膛烟气温度探针。

3）通知热工检查锅炉各项主保护正常投入（大联锁除外）。

4）在开始炉膛吹扫前，确保省煤器入口流量为30％BMCR。

5）打开燃烧器各二次风控制挡板，关闭燃烬风控制挡板。启动引、送风机，通过调节送风机动叶来调整吹扫风量到25％～35％BMCR，炉膛压力保持在－50～－100Pa。

6）投入炉前燃油系统，进行燃油泄漏试验，并确认泄漏试验合格。

7）燃油吹扫蒸汽系统暖管，结束后关闭系统疏水。

三、锅炉点火前吹扫

1）确认FSSS系统吹扫条件满足，按吹扫按钮进行炉膛吹扫。

2）吹扫完成后复位MFT。

四、锅炉点火

◆ **向轴封送气应注意哪些问题？**

1）轴封供汽前应先对送汽管道进行暖管，使疏水排尽。

2）必须在连续盘车状态下向轴封送气。热态启动时必须先送轴封汽后抽真空。

3）向轴封供汽时间必须恰当，冲转前过早地向轴封供汽，会使上下缸温差增大，正胀差值增大。

4）要注意轴封供汽的温度与金属温度的匹配。

5）高、低温轴封汽源切换时必须谨慎，切换太快不仅引起胀差的显著变化，而且可能产生轴封处不均匀的热变形，从而导致擦、振动等。

1）燃烧器点火时为了防止省煤器汽化，必须设定一个 3%BMCR 的最小给水流量，使省煤器进口流量不小于 33%BMCR。

2）投入汽轮机轴封系统，保证轴封压力在 0.007～0.021MPa，确认汽轮机低压轴封减温器处于自动状态（150℃）。

3）启动真空泵抽真空。

4）凝汽器微负压时关闭凝汽器真空破坏门。

5）确认过热器、再热器所有疏水门开启。注意监视凝汽器真空。

6）确认过热器出口 PCV 阀具备投运条件。

7）确认各油枪进油手动门开启，打开燃油供油速断阀，保持燃油压力为 3.0～3.5MPa。

8）确认所有点火条件满足后，开始点火。投用油燃烧器数量和位置，应根据启动方式确定，典型投运方式见表 4-2。

表 4-2　典型投运方式

启动方式	起先使用的油燃烧器层	热输入率（%BMCR）
冷态启动	A 或 E 层	约 5%
温态启动	B 及 C 层	约 15%
热态启动	D 及 F 层	约 15%
极热态启动	D 及 F 层	约 15%

9）确认就地控制箱油枪控制开关切至"远控"位置，远方投入底层一支油枪，点火成功后自动关闭省煤器排汽阀。稳定 1min 后继续投入第二支油枪。

10）锅炉点火后应就地查看着火情况，确认油枪雾化良好，配风合适。如发现某只油枪无火，应立即关闭其电磁速断阀，对其进行吹扫后重新点火。如果出现某只油枪无火且其电磁速断阀关不上，应立即到就地关闭其进油手动门。

11）确认点火成功后，检查确认烟温探针投入，并严格控制炉膛出口烟温在任何时候都不超过 540℃，当烟气温度升高到 540℃时，必须减少热输入量。当烟气温度升高到 580℃时，烟气温度探针自动退回。

12）将未运行的燃烧器的二次风控制挡板关闭，以改善燃烧，但应保持有一股冷却风。

13）大修后、长期停运后或新机组的首次启动，要严密监视锅炉的受热膨胀情况。从点火直到带满负荷，做好膨胀记录，发现问题及时汇报。

14）启动期间，若炉水循环泵入口水温低于饱和温度 20℃以下，则将过冷管路的隔离阀打开，以提供一个冷却水流量。当炉水循环泵入口水温低于饱和温度 30℃时，闭锁该阀。

15）炉点火后，开始空气预热器吹灰（见辅机操作规程），每 2h 吹灰一次，直到全煤燃烧。

◆什么是滑参数启动？滑参数启动有哪两种方法？

滑参数启动，是锅炉、汽轮机的联合启动，或称整套启动。它是将锅炉的升压过程与汽轮机的暖管、暖机、冲转、升速、并网、带负荷平行进行的启动方式。启动过程中，随着锅炉参数的逐渐升高，汽轮机负荷也逐渐增加，待锅炉出口蒸汽参数达到额定值时，汽轮机也达到额定负荷或预定负荷，锅炉、汽轮机同时完成启动过程。

滑参数启动的基本方法有如下两种：

1）真空法。启动前全部打开从锅炉到汽轮机的管道上的阀门，疏水门、空气门全部关闭。投入抽气器，使由汽包到凝汽器的空间全处于真空状态。锅炉点火后，一有蒸汽产生，蒸汽即通过过热器、管道进入汽轮机进行暖管、暖机。当汽压达到 0.1MPa（表压）时，汽轮机即可冲转挡汽压达到 0.6～1.0MPa（表压）时，汽轮机达额定转速，可并网开始带负荷。

2）压力法。锅炉先点火升压，当汽压达到一定数值后，才开始暖管、暖机、冲转。一般是汽压达 0.5～1.0MPa（表压）时开始冲转，以后随着蒸汽压力、温度逐渐升高，汽轮机达到全速、并网、带负荷，直至达到额定负荷。

滑参数启动适用于单元制机组或单母管切换制机组，目前，大多数发电厂采用压力法进行滑参数启动，而很少使用真空法进行滑参数启动。

◆滑参数启动有哪些优越性？

1）缩短机组启动时间。由于锅炉升压过程、暖管和汽轮机暖机、启动等过程同时进行，这就大大缩短了机组的启动时间，增加了运行调度的灵活性。

2）增加机组在启动过程中的安全可靠性。滑参数启动过程中，锅炉承压部件是在蒸汽参数较低的情况下进行加热的，使热膨胀较均匀，热应力较小。对汽轮机来说，由于进入的蒸汽参数低，比容大，流速高，蒸汽过热度小，传热系数较大，能使各部件均匀加热，减小热应力，并使动、静部分胀差减小。对锅炉来说，由于水循环能及早建立，升压速度较慢，使汽包上、下壁温差易于控制在允许范围之内，同时，过热器的冷却条件也得到很好的改善。

3）启动过程的经济性提高。这主要是由于缩短了启动时间，使机组及早发电；机组在启动过程中就发电；启动过程中工质、热量损失减小所带来的经济效益。当然，滑参数启动也有一定缺点，如锅炉要较长时间在低负荷运行，容易引起燃烧不稳；启动过程中锅炉的操作多，对汽温控制要求较严等。

五、锅炉升温升压

1）锅炉点火后，首先控制燃油出力 4～6t/h，进行暖炉，30min 后，根据升温情况增加燃油出力。

2）锅炉升温升压期间，严格控制各受热面金属温度不超过规定值。确认屏相邻单管间的炉外壁温差不超过 50℃。

3）通过控制燃油压力和投入的油枪数量来控制升温升压速度，在升压开始阶段，饱和温度在 100℃以下时，升温速率不应超过 1.1℃/min。到汽轮机冲转前，饱和温度（300℃）升温速率不应超过 1.5℃/min。储水箱内外壁温差变化率不超过 25℃/min 且内壁温度变化率不超过 5℃/min。

4）冷态启动初期，应每隔 20～30min 切换油枪一次，以保证锅炉均匀升温。

5）点火以后，储水箱中的水位由于汽水膨胀而上升，当水位上升至 6700mm 时高水位阀将自动打开，当水位上升至 7450mm 时高高水位阀将自动开启，将多余的水排到启动疏水扩容器中，水位保持在溢流阀预先设定的水位以下。

6）当主汽压力达 0.2MPa 时，关闭汽水分离器出口管道电动空气阀及一次汽水系统所有空气门，微开高低压旁路门进行暖管。

7）炉水温度达到200℃，汽水膨胀结束后，停止升温、升压，根据锅炉水质进行热态清洗，增加给水流量到20%BMCR（冲洗流量55%BMCR），直到蒸汽品质合格后继续升温、升压。

8）当主汽压力达到0.7MPa，汽水膨胀结束后，逐渐开大高、低压旁路。检查确认末再出口空气门关闭。

◆超临界机组旁路系统的主要功能是什么？

1）为汽轮机提供符合暖机、冲转、带负荷或中压缸启动等不同参数的蒸汽，缩短启动时间。

2）在机组甩负荷或故障状态下，实现停机不停炉或汽轮机带厂用电运行。

3）在汽轮机跳闸，锅炉带最低稳燃负荷运行时，为再热器提供冷却蒸汽，保护再热器。

4）启动过程中将蒸汽中的Fe_3O_4固态小颗粒通过旁路排入凝汽器，避免对汽轮机喷嘴和叶片造成侵蚀。

5）高压旁路容量应能在汽轮机带厂用电或空转时，避免安全门动作：75%BMCR＋20%BMCR高压释放阀容量。

6）低压旁路容量应考虑保护再热器及减小凝汽器容量等问题。当FCB发生时，可释放部分中压蒸汽，以减小旁路容量：50%MBCR＋100%BMCR低压释放阀容量。

7）带基本负荷和定压运行的机组，可简化旁路系统，只设一级大旁路系统。

9）当再热汽压力达到0.5MPa 30min后，关闭再热器疏水阀。

10）当主汽压力达到1.2MPa时，关闭一级过热器入口疏水阀、屏式过热器出口疏水阀。

11）当压力达到5MPa时应检查确认储水箱大溢流截止阀联锁强迫关闭。

12）包墙环形集箱疏水应保持开启，直到汽轮机同步带初始负荷后关闭。

13）随着蒸发量的增加，再循环流量将减少，此时应增加给水流量，水冷壁流量始终保持固定的30%BMCR流量（为给水流量和循环流量之和）。

14）汽水品质合格。

六、汽轮机冲转前准备：发电机、励磁机系统的准备

1）合AVR盘、整流盘上所有控制及辅助电源开关。

2）合冷却风机电源。

3）手摇五极开关，确认开关合好。

4）确认励磁柜无异常报警。

5）确认励磁开关处于"分"位。

6）确认待并发电机的220kV断路器在"分"位。

7）合发变组出口断路器控制电源。

8）投入发变组保护压板。

9）合发变组出口断路器电机储能电源。

10）合发变组出口隔离开关控制电源。

11）合发电机220kV隔离开关。

七、汽轮机冲车、升速、暖机

1) 冲车前确认下列汽轮机保护投入：

(1) 润滑油压低保护。

(2) 抗燃油压低保护。

(3) 低真空保护。

(4) 轴向位移大保护。

(5) 轴振动保护。

(6) 高排温度高保护。

(7) 高压透平比低（调节级压力/高排压力）。

(8) 超速保护。

(9) 电气故障停机保护。

(10) MFT 停机保护。

(11) DEH 失电保护。

(12) ETS 热工控制盘上试验允许钥匙开关置于"投入"位。

2) 确认以下条件满足：

(1) 确认汽轮机不存在禁止启动条件。

(2) DEH 系统正常。

(3) 确认汽轮机在盘车状态，转速为 3r/min。

(4) 连续盘车时间不少于 4h。

(5) 转子偏心度不大于 0.076mm（或原始值＋0.02mm）。

(6) 确认蒸汽品质要求（表 4-3）

表 4-3　蒸汽品质要求

项目	单位	正常运行	标准
SiO_2	$\mu g/L$	＜10	＜30
Na^+	$\mu g/L$	＜5	＜20
Fe	$\mu g/L$	＜20	＜50
阳离子电导率	$\mu s/cm$	＜0.3	＜0.3
钠含量	$\mu g/kg$		＜50
铜含量	$\mu g/kg$		＜5
硅酸含量	$\mu g/kg$		＜10

(7) 5MPa≤主蒸汽压力≤8.9MPa，370℃≤主蒸汽温度≤420℃。

(8) 0.8MPa≤再热蒸汽压力≤1.0MPa，320℃≤再热蒸汽温度≤370℃。

(9) 主蒸汽过热度≥56℃。

(10) 汽轮机排汽压力≤16.7kPa；润滑油温在 30～40℃之间；高压缸内缸上下缸温差小于 35℃、外缸上下缸温差小于 42℃。

(11) 确认各疏水门疏水已尽。

(12) 低压缸喷水控制开关在自动位。

(13) 主要参数在表 4-4 范围内。

表 4-4　主要参数表

名称	单位	参数范围	名称	单位	参数范围
再热器压力	MPa	<1.0	顶轴母管油压	MPa	>11.5
轴向位移	mm	−0.9～0.9	各支持轴承温度	℃	<107
调速端胀差	mm	−3.7～5.7	推力轴承温度	℃	<99
发电机端胀差	mm	−3.7～22	轴承出口油温	℃	<77
润滑油压	MPa	0.10～0.12	低压缸排汽口温度	℃	<70
抗燃油压	MPa	14.5±0.5	蒸汽室内外壁温差	℃	<83
抗燃油温	℃	37～57	低压缸排汽压力	kPa	<16.7

◆冲转压力过高或过低分别有哪些影响？

1）冲转时主汽压力过低，蒸汽的做功能力小，则冲转时的蒸汽量大，金属温升速度快，温差增大，热应力增加。还易造成冲转时凝汽器真空大幅下降。

2）冲转时主汽压力过高，蒸气的做功能力大，冲转时的蒸汽量小，对汽轮机加热缓慢，蒸汽压力过高还易造成汽轮机转速不易控制，造成并网困难。

◆汽轮机启动、停机时为什么要求蒸汽有一定的过热度？

如果蒸汽的过热度低，在启动过程中，由于前几级温度降低过大，后几级温度有可能低到此级压力下的饱和温度，变为湿蒸汽。蒸汽带水对叶片的危害极大，所以在启动、停机过程中蒸汽的过热度要控制在50～100℃，这样较为安全。

◆冲转时为什么要求一定的真空度？

真空度太低，冲转时可能使凝汽器内产生正压，甚至可能引起大气安全门动作或排汽室温度过高，使凝汽器铜管急剧膨胀，造成胀口松弛，导致凝汽器漏水。真空度太高，一方面延长了建立真空的时间；另一方面冲转时进汽量少，对暖机不利。

◆上下缸温差过大将造成什么影响？

上下缸温差过大易造成汽缸"拱背变形"，下部径向间隙减小，严重时产生动静摩擦。

◆润滑油温度过低或过高的影响？

油温过低则油黏度过大，会使油膜不均匀，增加摩擦损失，易产生油膜振荡；油温过高，使油黏度大大降低，以致破坏油膜的形成，易烧毁轴瓦。

◆为什么设置低压缸喷水减温装置？

排汽温度过高，可能引起机组中心偏离，发生振动；会使排汽缸温度不均匀，造成变形，同时还会影响凝汽器铜管在管板上的胀口松动，使循环水漏入汽侧，恶化蒸汽品质；引起低压缸及轴承座等部件产生过度热膨胀，导致中心发生变化，引起机组振动或使端部轴封径向间隙消失而摩擦。

◆低压缸喷水减温装置一般在什么状态下使用？

低压缸喷水减温装置一般在空负荷和低负荷时投入，因为在空负荷或低负荷时，汽轮机的蒸汽量较少，不足以将转子转动时摩擦鼓风所产生的热量带走，将使排汽缸温度升高超过允许值。

◆**高中压缸同时启动和中压缸进汽启动各有什么优缺点？**

高中压缸同时启动，蒸汽同时进入高、中压缸冲动转子，这种方法可使高、中压合缸的机组分缸处加热均匀，汽缸和转子所受的热冲击小。其缺点是再热汽温低，造成中压缸温升缓慢，限制了启动速度，同时汽缸转子膨胀情况较复杂，胀差较难控制。

中压缸启动，冲转时高压缸不进汽，待转速升到 $2000\sim2500r/min$ 或机组带 $10\%\sim15\%$ 负荷后，且换成高中压缸同时进汽。这种启动方式对控制胀差有利，可以不考虑高压缸胀差问题，已达到安全启动的目的。这种启动方式同时克服了中压缸温升大大滞后于高压缸温升的问题，提高启动速度。但冲转参数选择要合理，以保证高压缸开始进汽时高压缸没有大的热冲击。为防止高压缸鼓风摩擦发热，高压缸内必须抽真空或通汽冷却，用控制高压缸内真空度或高压缸冷却汽量的方法控制高压缸温升率。

3）接值长开机令后，将就地大轴晃度表抬起，记录冲车前各参数。

（1）点击 DEH 主控画面"挂闸"按钮进行挂闸，"汽轮机已挂闸"点亮，"左中压主汽门开""右中压主汽门开"点亮，默认"ATC 手动"方式，"ATC 手动"变红。

（2）本机组采用高中压联合启动方式（高主门与中调门联合 TV/HIP），选择一种方式，不处于控制方式的门就会全开。

4）点击主画面的"汽轮机启机"按钮，在操作端点击"启机"，10s 后高压调速汽门全开，然后高压主汽门与中压调速汽门逐渐开启，点击"主汽门控制"按钮，自动设目标转速为 $400r/min$，升速率为 $100r/min$ 进行升速。当 CRT 窗口显示转速大于 $4r/min$ 时，确认盘车装置脱开、电动机停止，盘车装置油供应会自动关闭。在转速达到 $400r/min$ 之前转子偏心度应稳定并小于 $0.076mm$。在 CRT 上监视轴承振动、轴承温度、胀差、缸温和轴向位移变化情况。回油温度、油流正常。就地倾听汽轮机转动部分声音正常。检查确认冷油器出口油温在 $30\sim40℃$。确认低压缸喷水阀已投自动，检查确认高排逆止门处于自由状态。

5）在 $400r/min$ 时进行摩擦检查，保持汽轮机转速在 $400r/min$ 运行足够时间，检查并确定汽轮机的附属设备无异常，确认机组无问题。

6）在 DEH 画面上，点击"ATC 手动"，在 ATC 手动升速操作画面内，按"摩检结束"键机组继续升速，设定目标转速为 $2000r/min$，升速率为 $150r/min$，在 CRT 监视汽轮机转速上升情况。

7）汽轮机转速上升到 $600r/min$ 时检查顶轴油泵自停。

8）过临界转速时检查记录机组振动值。

9）当汽轮机转速升至 $2000r/min$ 后，开始进行暖机（150min 以上）。

10）启动过程中严格按照启动曲线升温、升压。

11）暖机时间内机前主汽温度不能超过 $430℃$。温升率不得超过 $55℃/h$。

12）投入高、低压加热器。

13）确定暖机结束。

14）缸体膨胀已均匀胀出。

15）高压、低压胀差逐步稳定减小。各项控制指标不超限，并相对稳定。

16）在 DEH 盘上设定"目标转速（TARGET）"为 $2900r/min$。升速率为 $150r/min$，机组继续升速，在 CRT 监视汽轮机转速上升情况。

17）升速至 $2900r/min$ 时，进行高压主汽门（TV）与高压调门（HIP）控制切换。

18）高压主汽门（TV）与高压调门（HIP）控制切换。

（1）TV/GV 切换前由下列公式计算出高压蒸汽室金属温度 T_s，确认 T_s 至少等于主汽压力下的饱和温度才可切换。

$$T_s = T_1 + 1.36 (T_2 - T_1)$$

式中　T_s——蒸汽室金属温度；

T_1——蒸汽室外壁金属温度；

T_2——蒸汽室内壁金属温。

（2）确认汽轮机为单阀控制。

（3）当转速达 2900r/min 并且"TV/GV 切换"闪亮时，按下该按键自动进行阀切换，在 CRT 上确认高压调门从全开位置关下，当实际转速下降到 2900r/min 以下后，高压主汽门逐渐全开，高压调门控制汽轮机转速在 2900r/min，阀切换完成。

19）阀切换完成后，目标转速自动变为 3000r/min，实际转速自动升到 3000r/min，监视汽轮机转速上升情况。

20）汽轮机转速升至 3000r/min 后，稳定保持在 3000r/min。

八、并网前（大修后或机组运行 6 个月）应进行的试验

1）AST 电磁阀试验。

2）OPC 电磁阀试验。

3）手打停机按钮试验。

4）电气超速保护试验。

5）危急遮断器提升转速试验（在提升转速试验之前，应使机组带 20% 负荷，再热汽温不低于 400℃，并且暖机时间不少于 7h）。

九、升速注意事项

1）倾听确认汽轮机和发电机转动部分声音正常。

2）在 600r/min 以下，注意转子的偏心度应小于 0.076mm；当转速大于 600r/min 时，轴振应小于 0.076mm。过临界转速时，当轴承振动超过 0.1mm 或相对轴振动超过 0.25mm 时应立即打闸停机，严禁强行通过或降速暖机。当轴承振动变化 ±0.015mm 或相对轴振动变化 ±0.05mm，应查明原因设法消除。

3）正常升速率为 100~150r/min。

4）检查汽轮机本体及管道，应无水击、振动现象，疏水扩容器压力不超过规定值。

5）注意确认缸胀、轴向位移、胀差等正常。

6）注意确认凝汽器、加热器、除氧器水位正常。

7）检查确认油压、油温、油箱油位、各轴承油流正常。

8）检查确认发电机冷却水压力、流量、温度、风温及密封油系统差压正常。

9）维持主蒸汽、再热蒸汽参数稳定，主蒸汽温度不超过 430℃，再热蒸汽温度不低于 260℃。温升率不得超过 55℃/h。

10）监视汽轮机排汽压力不高于 16.7kPa，确认低真空保护投入。

11）确认中压缸进汽温度、低压缸排汽压力应符合空载和低负荷运行导则曲线。

12）确认主油泵出口油压在 1.6~2.0MPa 之间，入口油压在 0.084~0.3MPa 之间。

13）停止密封油备用泵、交流润滑油泵，并将其投自动。注意油压变化。

14）确认冷油器出口油温正常，轴承回油温度在 $60\sim70℃$。

15）调节氢温在 $40\sim50℃$ 范围内，投入氢温调节自动，设定值为 $45℃$。

16）调节发电机内冷水温度在 $45\sim50℃$ 之间，投入自动，设定值为 $48℃$。

17）确认空侧、氢侧密封油冷却器出口油温在 $38\sim49℃$ 之间。

18）确认发电机内氢气压力为 $0.4MPa$，氢温在 $40\sim50℃$ 之间，纯度为 98% 以上。

19）机组定速后检查确认通风阀关闭。

十、发电机升压注意事项

1）发电机升压和并列应得到值长命令后方可进行。

2）发电机不允许在未充氢气和定子线圈未通水的情况下投入励磁升压。

3）发电机壳内的氢气各参数应在规定的范围内，转速在额定转速下。

4）发电机升压时，应监视确认定子三相电流为零，无异常或事故信号。

5）发电机定子电压升起后，应确认定、转子回路的绝缘良好。

6）当定子电压到额定值时，转子电压、转子电流应与空载值相近。

7）在升压过程中，发现定子电流升起或出现定子电压失控时立即对发电机进行灭磁。

◆同步发电机的工作原理是什么？

答：同步发电机与其他发电机一样，由定子和转子两部分组成。如果用原动机拖动同步发电机的转子旋转，同时在转子的励磁绕组中经过滑环通入一定的直流电流给转子绕组励磁，便产生转子磁场，转子磁场依次切割定子三相绕组，在定子三相绕组中感应得到三相交流电势。定子三相绕组和三相负载构成闭合回路时，便有三相交流电流流经负载，以实现能量的交换。

◆发电机在运行中，其频率允许变动范围是多少？如频率过低，将会对发电机产生什么影响？

答：发电机在运行中其频率的允许变动范围是 $\pm0.5Hz$。发电机在运行中如频率过低，将会对发电机组产生不良影响。

1）频率降低引起转子的转速降低，使两端风扇鼓进的风量降低，破坏冷却条件，而使温度升高。

2）因为发电机的端电压和频率、磁通成正比，如频率下降，必须增大磁通才能保持端电压不变，也就是要增加励磁电流，从而造成转子线圈的温度升高。同时也容易使定子铁芯饱和，磁通溢出，从而使机座的某些部件产生局部高温。

3）频率过低还可能引起汽轮机断叶片。

4）如由于频率过低造成端电压的下降，从而造成厂用电系统电压下降，使厂用电机转速下降、出力下降，将威胁到发电机甚至整个系统的安全运行。

十一、发电机并列规定及注意事项

1）发电机并列分为"自动准同期"和"手动准同期"两种方式。正常情况下应采用"自动准同期"方式进行并列。

2）发电机并列时，"自动准同期"不能投入必须采用"手动准同期"控制下进行发电机并列操作时，必须经总工程师批准后方可进行。

3）发电机加励磁必须在转速达 3000r/min 时方可进行。

4）发电机采用 220kV 侧断路器并列。

5）当同期回路有过检修或大修后的发电机，在同期并网前还应由保护完成定相、假同期试验等工作。

十二、发电机并列的条件

1）发电机频率与系统频率基本相同（频率差不得大于 0.2Hz，并列时系统频率必须在 49.8～50.2Hz 范围内）。

2）发电机电压与系统电压相等（允许最大偏差为 5%）。

3）发电机相序与系统相序相同。

4）发电机相位与系统相位相同。

◆发电机并列有哪几种方法？各有什么优缺点？

答：发电机并列分为准同期法和自同期法。

准同期法分为自动准同期、半自动准同期、手动准同期。准同期法的优点是在同期点并列时发电机没有冲击电流。但如果造成非同期并列，则冲击电流会很大。

自同期法也分为自动、半自动、手动三种。其优点是操作简单，在事故状态下合闸快。其缺点是对发电机有冲击电流，而且对系统也有一定的影响，即在合闸的瞬间系统的电压有所下降。

十三、发电机 220kV 断路器自动准同期并列步骤

1）确认汽轮机 3000r/min 定速，机炉具备并网条件。

2）检查确认保护压板投入。

3）确认发电机 220kV 断路器三相断开。

4）检查确认发电机 220kV 隔离开关三相合好。

5）确认发电机 220kV 断路器无报警。

6）确认已选择主控制器 M1（M1 Selected）。

7）选择"自动"（Auto）励磁方式。

8）确认励磁电流为零。

9）确认发电机出口无电压。

10）投入励磁系统（Started）。

11）励磁系统自动起励合 41A、53A、53B，发电机出口电压平稳上升至 20kV（注意监视励磁调节器输出电压、电流与发电机电压同步上升，不超额定值）。

12）确认发电机定子三相电流为零。

13）确认发电机电压升至额定，核对发电机空载转子电压，电流与设计值相等。

14）投入同期装置直流电源。

15）将同期装置的把手切至"自准"位。

16）在 DEH 盘投入"自动同步"位。

17) 在 CRT 上确认同期闭锁开关在锁位。

18) 在 CRT 上投入同期开关 TK。

19) 在 CRT 上投入自动准同期开关 DTK。

20) 在 CRT 上将同期装置启动。

21) 确认发电机 220kV 断路器合入，记录并列时间。

22) 检查确认发电机带有功、无功负荷正常，三相电流正常。

23) 将发电机同期装置切至"退出"。

十四、发电机 220kV 断路器手动准同期并列步骤

1) 确认汽轮机 3000r/min 定速，机炉具备并网条件。

2) 确认发变组保护压板投入。

3) 确认发电机 220kV 断路器三相断开。

4) 确认发电机 220kV 隔离开关三相合好。

5) 确认发电机 220kV 断路器无报警。

6) 确认已选择主控制器 M1（M1 Selected）。

7) 选择"自动"（Auto）励磁方式。

8) 确认励磁电流为零。

9) 确认发电机出口无电压。

10) 投入励磁系统（Started）。

11) 励磁系统自动起励合 41A、53A、53B，发电机出口电压平稳上升至 20kV（注意监视励磁调节器输出电压、电流与发电机电压同步上升，不超额定值）。

12) 确认发电机定子三相电流为零。

13) 确认发电机电压升至额定，核对发电机空载转子电压、电流与设计值相等。

14) 投入同期装置直流电源。

15) 在 DEH 盘投入"自动同步"位。

16) 将同期装置的把手切至"手准"位。

17) 利用同期装置上"增速""减速"按钮调整发电机频率与系统频率一致。

18) 利用同期装置上"升压""降压"按钮调整发电机电压与系统电压一致。

19) 调整至同步表顺时针方向缓慢转动（4～6r/min）。

20) 在同期点按"合闸"按钮合上发电机 220kV 断路器与系统并列。

21) 确认发电机 220kV 断路器合入，记录并列时间。

22) 检查确认发电机带有功、无功负荷正常，三相电流正常。

23) 将发电机同期装置切至"退出"。

十五、发电机手动准同期并列注意事项

1) 运行人员应了解发电机主断路器的动作时间，掌握开关合闸的导前角度。

2) 同期表指针转速过快、跳动、停滞、摆动或倒转时禁止并列。

3) 发电机并列后，应尽快增加发电机有功、无功负荷至零以上。

4) 防止逆功率保护动作解列（发电机并列后，DEH 要求初负荷 5%，并保持足够长时间，以使进汽温度稳定，温升率不得超过 83℃/h）。

◆**发电机的端电压高于允许范围将对发电机有何影响?**

答:发电机电压在额定值的±5％范围内变化是允许的。但发电机的电压过高,对发电机将产生如下影响:

1) 使转子绕组的温度升高而超出额定值。

2) 使定子铁芯温度升高。

3) 定子的结构部件可能出现局部高温。

4) 破坏定子绕组的绝缘。

◆**励磁系统的作用是什么?**

答:励磁系统主要作用是给同步发电机的转子提供励磁电流。其作用体现在以下几个方面:

1) 调节励磁,维持机端或系统中某一点的电压在给定的水平。

2) 调节励磁,可以改变发电机无功功率的数值,可使并联运行机组间的无功功率合理分配。

3) 采用完善的励磁系统及其自动调节装置,可以提高输送功率极限,扩大静态稳定运行的范围。

4) 发生短路时,强励有利于提高动态稳定能力。

5) 发电机突然解列、甩负荷时,强行减磁,防止发电机过电压。

6) 发电机内部发生短路故障时,快速灭磁,减小故障损坏程度,缩小故障影响范围。

7) 在不同运行工况下,实行过励和欠励限制,确保发电机组的安全稳定运行。

◆**励磁回路中的灭磁电阻起何作用?**

答:励磁回路中的灭磁电阻主要有两个作用:一是防止转子绕组因电流突然断开,磁场发生突变引起的过电压,使其不超过允许值;二是将磁场能量变为热能,加速灭磁过程。

◆**自动磁调节器中无功调差单元有什么作用?**

答:自动磁调节器中无功调差单元的作用主要有:

1) 发电机投入、退出运行时,能平稳改变无功负荷,不致发生无功功率的冲击。

2) 保证并联运行机组间无功功率的合理分配。

◆**什么叫发电机或电力系统的振荡? 有什么危害?**

答:发电机或电力系统受到突然的扰动之后,在一个暂态过程中,功角 δ 时大时小,来回变化,转子速度环绕同步转速时高时低的减幅循环过程,就叫振荡,若振荡幅度较小,未超过稳定限额,振荡过程将逐步衰减并最终恢复正常运行,此种情况属动态稳定。

如果振荡开始时过剩转矩很大,转子惯量使发电机的工作点不断向 δ 增大方向移动,一直冲过功率极限点,之后,汽轮机输入功率与发电机功率无法平衡,从而造成失步。

◆**发电机失磁后,有关表计如何反应?**

答:1) 转子电流表、电压表指示零或接近于零。

2) 定子电压表指示显著降低。

3) 转子电流表指示升高并晃动。

4) 有功功率表指示降低并摆动。

5) 无功功率表指示负值。

◆**发电机失磁后而异步运行时，将对电力系统和发电机产生何种影响？**

答：1）由于从电力系统中吸收无功功率将引起电力系统的电压下降，如电力系统的容量较小或无功功率的储备不足，将导致系统失去稳定，甚至可能因电压崩溃而使系统瓦解。

2）发电机所发出的有功功率将较同步运行时有不同程度的降低。

3）发电机转子表面和阻尼绕组发生过热现象。

◆**什么是发电机进相运行？它会对电力系统造成什么不良后果？**

答：所谓发电机的进相运行，是指发电机励磁电流降低，使其无功输出在零以下，严重者使发电机完全失去励磁。此时，发电机将从电网中吸收无功负荷，使系统电压降低；系统中大容量的主力机组发生进相运行时，则可能引起系统振荡。

◆**同步发电机进相运行对发电机造成的影响主要有哪些？**

答：同步发电机进相运行对发电机造成的影响主要有以下几方面：

1）静态稳定性降低。

2）端部漏磁引起定子发热。

3）厂用电电压降低。

◆**发电机甩负荷有什么后果？**

答：发电机突然失去负荷就是发电机甩负荷情况，引起的后果有：

1）端电压升高。一是因为转速，升高电动势成正比增加；二是因为甩负荷时定子的电枢反应磁通和漏磁通消失，此时端电压等于全部励磁电流产生的磁场所感应的电动势，但由于有 AVR 的作用，电压升的幅度不会很大，因此甩负荷时应紧急减小励磁电流。

2）若调速器失灵或汽门卡塞，则有转子转速升高产生巨大离心力使机械部分损坏的危险，即"飞车"。

◆**发电机一般为什么都要接成星形？**

答：一是能消除高次谐波的存在。高次谐波中的主要成分是槽与槽之间磁场感应产生的三次谐波。二是如果接成三角形时，当内部故障或绕组接错造成三相不对称，就会产生环流，将烧毁发电机。

第四节　机组并列后的检查和操作

一、机组并列后的检查

1）检查确认炉膛出口烟温大于 580℃ 时烟温探针退出运行。

2）关闭炉侧所有疏放水系统手动门。

3）在功率回路控制下 5% 初负荷暖机。

4）初负荷暖机期间维持主再热蒸汽参数稳定。

5）汽轮机排汽压力应低于 16.7kPa。

6）检查汽轮机胀差值、总膨胀值、轴振、瓦温、油温、油压、温差。

7) 暖机时间均满足要求时，确认暖机结束。

8) 投入机、电、炉大联锁。

9) 做好启动汽泵前的小汽轮机暖机工作。

二、机组 30MW 负荷升至 180MW 负荷

1) 设定目标负荷 180MW，升负荷率 3MW/min。

2) 确认"定压方式"投入，确认"主汽压力变化率限制器"投入。机前压力设定值为 8.9MPa。

3) 锅炉二次风温大于 150℃时，启动一台密封风机和两台一次风机。

4) 通知除灰脱硫值班人员做好灰渣系统、电除尘系统、脱硫系统的投运准备工作。

5) 热一次风温达到 160℃以上时，确认机组制粉系统满足投运条件，暖投第一组制粉系统（对冷态启动，推荐首先点燃 A 或 E 层煤粉燃烧器。对温态、热态和极热态启动，必须尽可能快地提高蒸汽温度，应先点燃更高层的燃烧器）。

6) 制粉系统投入后应注意监视调整炉膛煤粉燃烧状况，调整煤粉与燃油的燃烧比例。

7) 磨煤机启动后应加强对螺旋水冷壁出口管壁温度、垂直水冷壁出口管壁温度及储水箱金属内壁温度变化的监视。注意监视汽水分离器出口温度在正常范围。

8) 制粉系统投入后，通知除灰脱硫值班人员将灰渣系统、电除尘系统、脱硫系统投运，如有异常及时汇报值长。

9) 磨煤机启动后必须先以最小出力运行，并适当降低油枪出力，以减小磨煤机启动后对锅炉热负荷的影响。

10) 严格控制省煤器入口流量为 30%BMCR（随着蒸化量的增加，给水量将增加、循环水量将减少），并调整好燃料量，维持合适的煤水比，按规定速率升温、升压。

11) 当负荷达 60MW 时，确认下列高压疏水阀自动关闭：

(1) 主蒸汽管疏水电动门。

(2) 左侧主汽门前疏水电动门。

(3) 右侧主汽门前疏水电动门。

(4) 1 号小汽轮机高压进汽门前、后疏水电动门。

(5) 2 号小汽轮机高压进汽门前、后疏水电动门。

(6) 高压缸进汽管疏水门。

(7) 高压内缸疏水门。

(8) 高压缸速度级疏水门。

(9) 高压外缸疏水门。

(10) 高压导汽管疏水门。

(11) 一段抽汽管逆止门前疏水电动门。

(12) 一段抽汽管疏水电动门。

(13) 高排逆止门前、后疏水罐疏水电动门。

(14) 热再管疏水电动门。

12) 如果汽轮机做超速试验，则应在 20%负荷、再热汽温不低于 400℃的情况下运行 7h。

13) 当负荷升至 90MW 时，确认低压缸喷水阀自动关闭。

14) 根据负荷需要暖投锅炉第二组制粉系统。注意调整燃烧保持主再热汽温、汽压稳定。

15）当四段抽汽压力高于除氧器压力时，将除氧器倒正常方式。

16）负荷100MW时，汽轮机轴封自密封，轴封泄气调整门投自动。

17）3号高压加热器汽侧压力高于除氧器压力时，高压加热器疏水倒正常方式。

18）当负荷升至180MW时，机前压力为8.9MPa，主蒸汽温度为500℃，再热汽温度为440℃。

19）厂用电源倒为本机高厂变带。

20）合上快切装置电源。

21）将快切装置投入。

22）选择开关至远方。

23）投入合工作进线压板。

24）投入跳工作进线压板。

25）投入合备用进线压板。

26）投入跳备用进线压板。

◆厂用电的备用电源有明备用与暗备用两种，它们有什么区别？

答：明备用是指正常运行时，专设一台平时不工作的变压器。当任一台厂用变压器故障或检修时，它可代替它们的工作。暗备用是指正常运行中，不专设备用变压器，每台厂用变压器均投入工作，处于半负荷运行状态。当任一台厂用变压器断开时，该段母线由旁边的另一台厂用变压器供电，它们互为备用。

◆备用电源自动投入装置的组成及作用是什么？

答：组成：低压启动部分和自动重合闸部分。

低压启动部分的作用：母线电压失去时，低电压继电器将工作电源断路器断开。

自动重合闸部分的作用：工作电源断路器断开后，联锁将备用电源的断路器自动重合。

◆对备用电源自投入装置（BZT）有哪些基本要求？

答：1）只有在备用电源有电且电压正常时，才能动作。

2）工作电源无论何种原因跳闸，备用电源均应能自投。

3）为防止向故障点多次送电，BZT只允许动作一次。

4）当电压互感器的一次或二次铅丝部分熔断时，不应误动。

5）备用电源应在工作电源切除后才能投入。

◆厂用电快切装置的用途是什么？

答：在正常情况下，备用电源与工作电源之间双向切换；在事故或不正常情况下，工作电源向备用电源单相切换。采用该装置能够提高厂用电切换的成功率，避免非同期切换对厂用设备的冲击损坏，简化切换操作并减少误操作，提高机组的安全运行和自动控制水平。

◆厂用电中断后为何要打闸停机？

答：厂用电中断要打闸停机是因为厂用电中断后，所有的电气设备都停止运转，汽轮机的循环水泵、凝结水泵、射水泵都将停止，真空将急剧下降，处理不及时，将引起低压缸排大气安全门动作。由于冷油器失去冷却水，润滑油温迅速升高，水冷泵的停止又引发发电机温度升高，使双水内冷发电机的进水支座因无水冷却和润滑而产生漏水，使氢冷发电机、氢气温度急剧上升，给水泵的停止，又将引起锅炉断水。由于各种电气仪表无指示，失去监视和控制手段。可见，厂用电全停，汽轮机已无法维持运行，必须立即启动直流润滑油泵、直流密封油泵，紧急停机。

三、180MW 负荷升至 300MW 负荷

1）设定机组升负荷率为 3MW/min，设定目标负荷为 240MW 及机前压力为 13.5MPa。机组转入滑压运行方式，确认"主汽压力变化率限制器"投入。

2）在机组负荷达到 180MW、蒸汽过热度≥50℃时，切换空气预热器吹灰汽源至末过入口。

3）在机组负荷达到 180MW 后，投入一台汽泵运行。

4）汽泵具备启动条件后，在小汽轮机控制画面内点击"挂闸"键，点击"开高压调门"和"开低压调门"按键，点击"转速自动"键，设定目标转速为 3100r/min 及相应升速率进行升速。当转速升到 3100r/min 后在除氧给水画面开汽泵出口门，当"遥控允许"变红后，点击"遥控请求"键，在小汽轮机控制画面内投入"锅炉自动"。

5）确认汽动给水泵各系统运行正常后，进行并泵操作，使一台汽动给水泵与电泵并列运行。并泵操作期间要保证锅炉给水量保持稳定，以保证锅炉正常运行。

6）增加汽泵转速，待转速升至 3100r/min 后，在 DEH 上将汽泵转速投自动，在 CRT 上并列汽泵后，汽泵和电泵同时参与给水调节。

7）在机组负荷达到 200MW 时，确认锅炉储水箱水位至低水位时，炉水泵自动转入最小流量模式下运行。此时，锅炉转入纯直流运行方式。

8）视机组负荷情况启动第三台磨煤机。

9）当第三台磨煤机启动后锅炉负荷大于 30%BMCR 时，可以停掉油燃烧器。如燃用煤的挥发分比设计煤低，可以在较高的负荷下停油枪，停油后空气预热器改为定期吹灰。

10）当锅炉负荷达到 40%BMCR 时，自动停炉水循环泵，投入炉水循环泵的暖泵系统，保持炉水循环泵热备用。

11）根据负荷需要启动第二台汽动给水泵，当转速高于 3000r/min 时，在 DEH 上投入转速自动，在 CRT 上并列第二台汽泵。

12）逐渐降低电泵出力，两台汽泵运行正常后，停止电泵运行，将电泵投入备用方式。

13）当机组负荷达到 300MW 时保持负荷，确认机前压力为 13.5MPa，主汽温度为 540℃，再热汽温度为 490℃。

14）关闭运行小汽轮机的低压进汽门前、后疏水电动门。

15）关闭运行小汽轮机的本体疏水阀。

◆**三冲量给水自动调节系统原理及调节过程分别是什么？何时投入？**

三冲量给水自动调节系统有三个输入信号（冲量），即水位信号、蒸汽流量信号和给水流量信号。蒸汽流量信号作为系统的前馈信号，当外界负荷要求改变时，使调节系统提前动作，克服虚假水位引起的误动作；给水流量信号是反馈信号，克服给水系统的内部扰动，然后把汽包水位作为主信号进行校正，取得较满意的调节效果。下面仅举外扰（负荷要求变化）时水位调节过程。当锅炉负荷突然增加时，由于虚假水位将引起水位先上升，这个信号

将使调节器输出减小，关小给水阀门，这是一个错误的动作；蒸汽流量的增大又使调节器输出增大，要开大给水阀门，对前者起抵消作用，避免调节器因错误动作而造成水位剧烈变化。随着时间的推移，当虚假水位逐渐消失后，由于蒸汽流量大于给水流量，水位逐渐下降，调节器输出增加，开大给水阀门，增加给水流量，使水位维持到定值。所以三冲量给水自动调节品质要比单冲量给水自动调节系统好。一般带30％额定负荷以后才投入此系统。

四、300MW 负荷升至 450MW 负荷

1）在协调主画面上设定目标负荷为 450MW，负荷变化率为 15MW/min，主、再热蒸汽温度逐渐升到额定值。

2）当机组负荷升至 300MW 时，进行以下操作：

（1）确认锅炉燃烬风调节挡板控制投入自动。

（2）联系调度投入 AGC 遥控。

3）当机组负荷达到 360MW 时保持负荷，确认主、再热减温水控制在自动状态且汽温调节正常，确认机前压力为 15.0MPa。

4）当机组负荷高于 360MW 时，启动第四套制粉系统。

5）当机组负荷高于 360MW 且燃烧稳定后，投入锅炉本体吹灰系统，对锅炉进行全面吹灰。

6）当机组负荷升至 450MW 时，确认机前压力为 20.0MPa。

五、450MW 负荷升至 600MW 负荷

1）当机组负荷高于 450MW 时可启动第五台磨煤机。

2）当机组负荷升至 540MW 时，确认机前压力 24.2MPa；确认"定压方式"投入，确认"主汽压力变化率限制器"投入。

3）当机组负荷为 600MW 时，确认各参数正常，对机组进行全面检查。

◆机组运行中在一定范围内为什么要定压运行？

答：机组采用定压运行，可以提高机组循环热效率。因为汽压降低会减小蒸汽在汽轮机中做功的焓降，使汽耗增大、煤耗增加，有资料表明当汽压较额定值低5％时，则汽轮机蒸汽消耗量将增加1％。另外，定压运行在一定程度上增加了调度的灵活性，可适应系统调频的需要。

六、机组升负荷过程中的注意事项

1）燃油期间应注意油压自动控制正常，避免油燃烧器前油压过高或过低。

2）在锅炉转直流运行区域内不得长时间停留或负荷上下波动，以免锅炉运行工况不稳定而造成机组负荷大幅度扰动。

3）在整个升负荷过程中，应检查确认汽轮机振动、胀差、汽缸膨胀、轴向位移、汽缸上下壁温差、EH 油压、汽轮发电机组的轴承金属温度、润滑油回油温度、润滑油压等各项参数在正常范围之内。汽轮发电机组内应无异常声音。

4）注意监视轴封温度和压力的变化，及时调整在正常范围内。

5）注意监视低压缸排汽缸温度和凝汽器真空的变化，发现异常及时调整。

6）在各阶段暖机期间应对机、炉、电各辅机的运行情况进行详细检查。

7）注意监视凝汽器、除氧器、高低压加热器的水位变化，及时调整。

8）启动初期注意监视储水箱水位变化。

9）注意监视发电机内的风温及氢压的变化，及时调整冷却水量和密封油压力。

七、机组冷态启动的其他注意事项

1）在整个启动过程中应加强对锅炉各受热面金属温度的监视，防止超温。

2）在机组启动燃油期间应加强对空气预热器吹灰，防止空气预热器产生低温腐蚀及二次燃烧。

3）整个机组冷态启动过程中应严格控制水质合格、水量充足，满足系统清洗及点火要求。

4）整个机组冷态启动过程中机组点火、升压、冲转、并网、带负荷各阶段的操作，应按照《机组冷态启动曲线》来控制进行。

5）根据汽温情况，及时投入过热器一、二级减温水和再热器减温水，严防过热器和再热器超温。

6）升负荷期间，注意辅汽汽源、除氧器汽源及轴封汽源的切换情况。

第五节 机组热态启动

一、热态启动参数选择

1）要控制主汽阀进口的蒸汽参数，使第一级蒸汽温度和金属有良好的匹配。在任何情况下，第一级蒸汽温度不允许比第一级金属温度高111℃或低56℃，参数选择参照"热态启动推荐值"曲线。

2）对已运行的设备系统进行全面检查确认无异常。

3）对已投入的系统或已承压的电动阀、调节阀均不进行开、关试验。

二、机组冲车条件

1）热态启动投入连续盘车时间不少于4h。

2）转子偏心度不超过0.076mm或不大于原始值0.02mm。

3）上下缸温差应小于42℃。

4）当轴封母管疏水充分且参数达到规定值时，可向轴封送汽。

5）启动真空系统，凝汽器建立真空小于16.7kPa。

6）热态启动的参数选择及暖机时间的确定按运行规程执行。

7）检查各路疏水门开启并确认疏水已尽。

8）确认有关保护投入。

三、机组热态（温态）启动步骤

1）热态和温态启动前的检查与准备参照本篇第五章，但应注意对已运行的设备系统进行全面检查，确认无异常。

2）锅炉点火以及锅炉升温升压操作参照本篇第三节"机组冷态启动"，但应注意以下事项：

（1）锅炉点火前应确认水质合格。

（2）机组热（温）态启动过程中锅炉无须进行热态清洗，如需清洗按照冷态启动锅炉热态清洗步骤执行。

（3）锅炉升温升压速率参照"机组温态启动曲线"及"机组热态启动曲线"严格执行。

（4）机组热（温）态启动炉侧为了达到较高的汽温与机侧缸温相匹配，需要首先投入较高油（煤层），此时应控制好参数变化速度。

四、机组热态（温态）启动注意事项

◆锅炉热态启动有何特点？如何控制热态启动参数？

答：热态启动时，在锅炉点火前就具有一定压力和温度，故锅炉点火后升温、升压速度可适当快些。对大型单元机组的启动参数应根据当时汽轮机热态启动的要求而定。热态启动因升温、升压变化幅度较小，故允许变化率较大，升温、升压都可较冷态启动快些。

1）机组热（温）态启动时应打开所有汽轮机防进水保护阀门，保证汽轮机的疏水畅通。机组冲转前应注意充分疏水，疏水期间严禁凝汽器高水位运行，避免出现汽、水撞击振动。

2）机组热（温）态启动冲转时，不执行暖机操作，即不执行高调阀在400r/min以内的摩擦检查，不进行中速暖机，尽快操作汽轮机冲转、升速、并网，按缸温对应曲线快速带负荷，避免汽缸冷却而产生额外的热应力。

3）启动过程中应密切监视汽缸温升、温差、差胀、轴向位移、瓦温、油温及油压等参数不超限。

4）冲转时，主、再热蒸汽参数应符合与缸温的匹配要求，蒸汽温度和高压内缸调节级处上壁温度的温差控制在56～110℃，且保证蒸汽过热度在56℃以上。

5）汽轮机冲转前及冲转过程中注意监视高中压缸上下对点温度差小于42℃，如超过此温度且伴有轴向位移大报警，应立即打闸停机并对汽缸和蒸汽管道进行充分疏水。

6）任何工况下，只要汽轮机上、下缸温差超过56℃，就应立即打闸停机。

7）温、热态启动时，应启动制粉系统尽快升温、升压，在冲转和带负荷过程中，控制主再热汽温与汽轮机高中压缸金属温度的匹配。机组并网后，应根据汽轮机热应力的大小控制汽温，并尽快升带负荷。

8）热态、极热态启动定速，全面检查正常后，应尽快并网带负荷，不允许滞留时间过长，同时主、再热汽温应呈上升趋势，禁止汽温大幅度波动。

9）热态、极热态启动时，若胀差出现负向变化，应尽快增加机组带负荷，并注意监视胀差及调节级汽温的变化，当胀差负变停止转为正变，同时调节级汽温与缸温匹配时，改为正常升负荷率。

10）根据汽温情况，及时投入过热器一、二级减温水和再热器减温水，严防过热器和再热器超温。

11）升负荷期间，注意辅汽汽源、除氧器汽源及轴封汽源的切换情况。

第五章 机组正常运行及维护

第一节 机组正常运行参数限额

一、锅炉运行的报警值和跳闸值（表 5-1）

表 5-1 锅炉运行的报警值和跳闸值

序号	项目	单位	整定值	报警/跳闸	备注
1	末级过热器出口蒸汽温度低	℃	566	报警	>35%BMCR
2	末级过热器出口蒸汽温度高	℃	576	报警	
3	再热器出口温度低	℃	564	报警	>50%BMCR
4	再热器出口温度高	℃	574	报警	
5	储水箱水位高	mm	6450	报警	本生负荷以下
6	储水箱水位高高	mm	8210	报警	
7	储水箱水位低	mm	2450	报警	
8	储水箱水位低低	mm	1200	报警/跳炉水循环泵	
9	炉膛压力低报警	kPa	−0.3	报警	
10	炉膛压力高报警	kPa	+0.1	报警	
11	在 MFT 前炉膛压力低报警	kPa	−2.0	报警	
12	在 MFT 前炉膛压力高报警	kPa	+2.0	报警	
13	炉膛压力低	kPa	−2.5	信号三取二报警/MFT	
14	炉膛压力高	kPa	+2.5	信号三取二报警/MFT	
15	炉膛压力低低	kPa	−4.0	信号三取二时跳引风机	
16	炉膛压力高高	kPa	+4.0	信号三取二跳送风机	
17	增闭锁 MV>DV	kPa	+0.8	报警	
18	减闭锁 MV<DV	kPa	−1.0	报警	
19	省煤器给水流量低	kg/s	150	报警	
20	省煤器给水流量低低	kg/s	135	信号三取二报警/MFT	
21	空气流量<20%BMCR	kg/s	118	报警/MFT	
22	油母管压力低低	MPa	1.0	报警，由 3 个压力变送器引出的信号	
23	吹扫蒸汽压力低	MPa	0.3	报警	
24	母管处油温低于	℃	10	报警	
25	母管处油温低于	℃	5	禁止点火	

续表

序号	项目	单位	整定值	报警/跳闸	备注
26	屏式过热器出口管壁温度	℃	585	报警	
27	屏式过热器出口短集箱温度	℃	580	报警	
28	末级过热器出口管壁温度	℃	605	报警	
29	末级过热器出口短集箱温度	℃	600	报警	
30	再热器出口管壁温度	℃	620	报警	
31	再热器出口接管壁温度	℃	615	报警	
32	螺旋水冷壁出口管壁温度	℃	415	报警	
33	垂直水冷壁出口管壁温度	℃	>470	报警	
34	储水箱金属内壁温度变化	℃/min	5	报警	
35	储水箱内外壁温差变化率	℃	>25	报警	
36	炉水循环泵高压冷却水温	℃	>65	跳炉水循环泵	
37	炉水循环泵高压冷却水温	℃	>60	报警	
38	炉水循环泵高压冷却水流量低于	%	70	报警	

二、汽轮机报警及紧停值（表 5-2）

表 5-2　汽轮机报警及紧停值

项目	单位	正常值	高报警值	低报警值	跳闸值	备注
主油泵进口油压	MPa	0.084～0.30				
主油泵出口油压	MPa	1.6～2.0				
润滑油压力	MPa	0.12（+0.005/-0.005）		0.084	0.065	
润滑油温度	℃	38.0～49.0	50.0	21		
润滑油主油箱油位	mm	0	466	-200	-300	补油无效手动停机
EH 油压力	MPa	14.5±0.5	16.2±0.2	11.2±0.2	9.3±0.5	
EH 油温度	℃	40～49	57	23		
EH 油箱油位	mm	450～540	540	450/370	230	停泵
密封油与氢压差	kPa	84±10				
发电机氢压	MPa	0.4	0.42	0.38		
高压主汽门前蒸汽温度	℃	566	574	556	594	
高压缸排汽温度	℃	<329	450		475	手动停机
主、再热器左右两侧汽温差	℃	<14				
汽缸上下缸温差	℃	<42	42		56	手动停机
汽轮机排汽压力	kPa	5～8	16.7		28	
低压缸排汽温度	℃	<60	80		120	手动停机
机轴封蒸汽压力	MPa	0.007～0.021				
低压轴封汽温度	℃	150	180	120		
汽轮机轴振动	mm	0.076	0.125		0.25	

项目		单位	正常值	高报警值	低报警值	跳闸值	备注
汽轮机轴承金属温度		℃	＜85	107		113	
推力轴承金属温度		℃	＜90	99		107	
轴承回油温度		℃	＜65	77			
轴向位移		mm	0±0.9	＋0.9	－0.9	±1	
高压胀差		mm	－4.0～＋10.3	＋10.3	－4.0	＋11.1、－4.7	
低压胀差		mm	－0.76～＋22.7	＋22.7	－0.76	＋23.5、－1.52	
循环水温度		℃	＜25	33			
蒸汽品质	阳离子电导率	μS/cm	＜0.3				
	钠	μg/L	＜5				
	二氧化硅	μg/L	＜10				
润滑油品质	黏度	E	＜3.2				
	机械杂质		颗粒度＜6级（摩根）				
	酸值	mgKOH/g	＜0.03				
	破乳化时间	min	＜8				
	水分	μg/L	＜200				
抗燃油品质	酸值	mgKOH/g	＜0.03				
	黏度		与新油比较＜10％				
	机械杂质		颗粒度＜3级（摩根）				
	水分	μg/L	＜1000				

三、发电机系统运行限额（表5-3）

表5-3　发电机系统运行限额

序号	名称	单位	正常值	高限	低限	跳闸值
1	发电机功率	MW	600			
2	发电机电流	kA	19.245	20.207		
3	发电机电压	kV	20	21	19	
4	周波	Hz	50			
5	定子铁芯温度	℃		120		
6	定子铁芯温升	℃		28		
7	定子线圈温度	℃		100		
8	定子线圈温升	℃		43		
9	定子进水温度	℃	45～50	60		
10	定子出水温度	℃	＜85	85		
11	转子线圈温升	℃	40			
12	氢气纯度	％	＞98		95	

序号	名称	单位	正常值	高限	低限	跳闸值
13	氢压	MPa	0.4	0.42	0.38	
14	氢冷器冷却水压	MPa	＜0.3			
15	冷氢温度	℃	45±1			
16	热氢温度	℃	60～80			
17	氢冷器进口水温	℃	20	35		
18	冷空气温度	℃	40～50	57		
19	热空气温度	℃	75～85	87		
20	20℃时的电导率	μS/cm	0.5～1.5			
21	20℃时的pH值		6.8～7.3			
22	20℃时的硬度	μmol/L	＜2			
23	铜化合物含量	mg/L	≤100			

第二节　机组负荷调整

一、机组运行方式说明

1）正常运行中采用"炉跟机协调"运行方式，此时应避免大幅度增减机组负荷。

2）正常运行中采用"炉跟机协调"运行方式，若遇机组工况的不正常或有关设备装置故障，也可灵活地采用以"汽轮机跟随"或以"锅炉跟随"的运行方式。

3）机组在启动过程中，负荷在40％以下应采用以"汽轮机跟随"的运行方式，而DEH处于单独的运行方式。当机组负荷达40％以上时，可投入"炉跟机协调"方式。当机组负荷达300MW以上时，根据调度指令投入AGC。

4）机组停止过程中，应尽可能选择以"炉跟机协调"方式，当机组负荷降到40％时，选择以"汽轮机跟随"方式，当负荷降到5％时，机炉各自独立控制。

5）正常运行中当锅炉的辅机发生故障时，在RB投入且机组协调控制方式下，MCS系统将立即以设定的降负荷率，降低机组负荷至预先设定值，同时将机组的运行方式自动切至汽轮机跟随。

6）在发生运行方式的自动切换时，应确认发生自动切换的原因，对机组的设备及装置应进行全面的检查，发现问题须汇报值长，并进行相应的处理。

7）正常运行中，DEH切除"遥控"方式时，CCS下一般应采用滑压运行方式，如果机组负荷变化较频繁，应采用定压运行方式。

8）当出现以下情况时，可以先解除AGC，但必须由值长向调度汇报，然后根据调度命令重新投入AGC。

（1）发现主蒸汽压力超限时。

（2）当第四或第五台磨煤机启动后，应稳定15min，在15min稳定时间内如AGC降低负荷幅度超过30MW时。

（3）当机组负荷增加50MW以上后，应稳定15min，如15min内AGC指令又降低机组负荷，且调整幅度超过 30MW 时。

（4）当机组负荷降低 50MW 以上后，应稳定 15min，如 15min 内 AGC 指令又增加机组负荷，且调整幅度超过 30MW 时。

二、机组正常运行的负荷调整

1. 基本方式下的负荷调节

1）在基本方式下，机组负荷由运行人员手动设定汽轮机调节器输出来控制，手动调节锅炉燃烧和给水控制主汽压力。

2）在基本方式下进行机组负荷的调节时，应注意负荷以允许的速率变化，并注意机炉间的相互协调，监视主汽压力的变化，及时调整汽轮机调门的开度，以适应锅炉负荷的变化。

2. 锅炉跟随方式下的负荷调节

锅炉跟随方式下，机组的负荷由运行人员手动改变机组负荷设定值（或汽轮机调节器）的输出来控制，锅炉主控控制主汽压力。

3. 汽轮机跟随方式下的负荷调节

机组在汽轮机跟随方式下，机组负荷由操作员手动改变锅炉主控的负荷指令或手动调节燃料和给水量来调节，而主汽压力由汽轮机主控控制，这时应注意负荷以允许的速率变化，注意主汽压力的变化。

4. 协调方式下的负荷调节

1）协调方式下，机组的目标负荷由运行人员手动设定。

2）根据机组实际情况设置合适的负荷变化率。

3）在负荷限制块上设定合适的机组最低、最高负荷限值。

4）根据调度命令设定机组目标负荷。

5）在协调运行方式下，允许机组参与调频，非机炉协调方式或频率信号异常切除调频方式；在调频方式下，根据电网频率产生调频功率。

三、AGC 方式下的负荷调节

1）AGC 方式下机组的目标负荷由中调遥控设定，负荷变化率可以由运行操作员手动设定或按中调下令设定。

2）负荷变化率设定应与机组的实际出力变化能力相符合。

3）AGC 方式下重点监视机组运行情况，发生大的扰动及时调整或申请退出 AGC。

第三节　运行参数的监视与调整

一、机组给水调整

1）锅炉启动及负荷低于 30％BMCR 且储水箱水位在 2350～6400mm 时，锅炉启动系统处于炉水循环泵出口阀控制方式，炉水循环泵出水与主给水流量之和保持锅炉 30％BMCR 的最低流量。

2）主给水流量在 15％BMCR 以下由主给水旁路调节阀来调节给水量；主给水流量超过 15％BMCR 时渐渐全开主给水电动阀、全关主给水旁路调节阀。

3）汽动给水泵转速达到 3100r/min 时投入给水泵转速自动。

4）在给水调整的过程中，应保持锅炉的负荷与煤水比的对应关系，防止煤水比失调造成参数的大幅度波动。

◆运行中怎样正确使用一、二级减温水？

答：在正常运行中，调节主汽温度时，应根据减温器布置位置，把一级减温器作为粗调汽温使用，喷水量尽量稳定，而把二级减温器作为细调汽温用。同时还应注意减温喷水量变化时应平缓，参照减温器的进出口蒸汽温度的变化，调整喷水量，杜绝二级减温器进口超温；当一级减温器进口蒸汽超温时，应从燃烧方面调整、恢复。当二级减温调节投入自动时，应经常监视其工作情况，自动失灵时，及时切换为手动调节；当发现两侧喷水流量偏差过大时，应积极分析，查找原因并消除。

◆再热器事故喷水在什么情况下使用？

答：事故喷水的作用是保护再热器的安全。如锅炉发生二次燃烧或减温、减压装置故障，高温、高压的过热蒸汽直接进入再热器，或其他一些造成再热器超温的情况下，都应使用事故喷水减温，既可使再热器管壁不致超温，而且降低了再热汽温，正常运行中还能起到调整再热器出口汽温在额定值及减小两侧温度偏差的作用。

◆运行过程中为何不宜大开、大关减温水门，更不宜将减温水门关死？

答：运行过程中，汽温偏离额定值时，是由开大或关小减温水门来调节的。调节时要根据汽温变化趋势，均匀地改变减温水量，而不宜大开大关减温水门，这是因为：

（1）大幅度调节减温水，会出现调节过量，即原来汽温偏高时，由于猛烈增加减温水量，调节后会出现汽温偏低；接着又猛关减温水门后，汽温又会偏高，结果使汽温反复波动，控制不稳。

（2）会使减温器本身特别是厚壁部件（水室、喷头）出现交变温差应力，以至于金属疲劳，出现本身或焊口裂纹而造成事故。汽温偏低时，要关小减温水门，但不宜轻易将减温水门关死。因为减温水门关死后，减温水管内的水不流动，温度逐渐降低，当再次启用减温水时，低温水首先进入减温器内，使减温器承受较大的温差应力。这样连续使用，会使减温器端部、水室或喷头产生裂纹，影响安全运行。为此，减温水停用后如果再次启用，应先开启减温水管的疏水门，放净管内冷水后，再投减温水，不使低温水进入减温器。

二、主蒸汽和再热蒸汽温度的监视及调整

◆什么是中间点温度？控制中间点温度的意义是什么？

答：超临界锅炉中间点温度是指水冷壁出口汽水分离器中的介质温度。在超临界压力下运行的锅炉，水冷壁中工质温度随吸热量的变化而变化，而水冷壁出口工质温度的变化必然首先直接影响到过热温度。因此，中间点温度作为控制过热汽温的超前信号或首要参考温度显然是十分关键的。另外，从超临界锅炉的工作特殊性来看，中间点温度的变化不仅与水冷壁的吸热量有关，而且与水冷壁进口工质温度和流量有关。因此，中间点温度的控制对防止水冷壁发生膜态沸腾或类膜态沸腾，以及防止水冷壁管壁过热也是十分重要的。

以汽水分离器出口工质温度（中间点温度）作为汽温调节的导前信号，根据中间点温度调节水煤比，不仅可减少汽温调节的滞后时间，还可及时控制水冷壁的工质温度，防止水冷壁发生传热恶化。

合理控制中间点温度可以使烟气温度最高的区域中保持较低的金属管壁温度，可减轻金属的高温腐蚀，减轻积灰和结渣等，提高水冷壁管子的寿命和运行可靠性。

◆超临界锅炉的过热汽温特性与亚临界参数锅炉有何不同？

答：超临界锅炉过热汽温特性为辐射特性，且屏式过热器和位于炉膛出口的高温过热器的传热起主导作用，而亚临界参数的锅炉总的汽温特性是对流特性。那么为什么超临界锅炉的汽温特性是辐射特性，而与亚临界锅炉不同呢？让我们分析一下：假定随负荷增加，过热器系统的吸热量不减反增，则需要降低水煤比，意味着需要增加燃煤量，这显然会导致系统吸热不降反升，致使过热汽温过度升高，从而被迫大幅度增加减温水量，导致省煤器和水冷壁中工质流量减少，中间点温度升高，进一步被迫增加减温水量，致使锅炉进入不良工况循环的运行状态。因此得出结论：以水煤比为主要调节手段的超临界锅炉，过热汽温变化主要表现为辐射特性。

◆超临界锅炉过热汽温调节

1. 水煤比作为主要调节手段

超临界锅炉在超临界压力范围内运行时，水冷壁实际上相当于过热器，对过热蒸汽温度变化特性影响最大的首先是水煤比。调节水煤比最关键的仍然首先是控制中间点的温度。因为超临界锅炉水冷壁中工质温度的变化与过热器类似，因此在本质上超临界锅炉的水冷壁多吸收热量就等于过热器多吸收热量，而不像汽包锅炉那样，水冷壁多吸收热量反映出来的参数变化首先是压力变化，而温度变化不剧烈。

2. 喷水减温作为微调

超临界锅炉运行中，喷水减温只作为汽温调节的细调手段，正常情况过热器总减温水量不超过总蒸发量的5％～6％，但减温水系统的设计容量仍然要求达到10％MCR。超临界锅炉的汽温调节不宜采用大量喷水减温的减温方式，因为减温水量增大时，喷水点前的受热面尤其是水冷壁中的工质流量必然减小，使水冷壁中工质温度升高，其结果不仅加大了汽温调节幅度，而且可能导致水冷壁和喷水点前的受热面超温。因此，超临界锅炉运行中应尽可能减少减温水的投入量。

1）机组运行期间，炉侧主蒸汽温度应控制在571^{+5}_{-10}℃以内，再热蒸汽温度应控制在569^{+5}_{-10}℃，两侧偏差小于10℃。同时各段蒸汽温度、壁温不超过规定值。

2）主蒸汽温度主要由燃料量和给水量的比例、控制中间点焓值来调节，一、二级喷水减温作为辅助调节手段。当中间点焓值变化较大时，应适当调整煤水比例，以减小焓值的偏差，控制主蒸汽温度正常。

3）高压加热器投入和停用时，给水温度变化较大，各段工质温度也相应变化，应严密监视给水、省煤器出口、螺旋管出口工质温度的变化，待中间点焓值开始变化时，维持燃料量不变，调整给水量，控制锅炉各级受热面工质温度在规定范围内。

4）系统在35％～100％BMCR负荷范围内维持过热器出口汽温在571^{+5}_{-10}℃；在20％BMCR

负荷以下不允许投一级喷水，在10％BMCR负荷以下不投二级喷水。在这些负荷之下或MFT之后控制系统将闭锁喷水。如果喷水调节阀关闭超过10s之后且过热汽温低于控制的目标值，则每个隔离阀自动关闭；若隔离阀关闭则减温水控制阀自动关闭；在失去控制信号和电源时喷水阀固定不动。

5）根据锅炉内产热量的变化方向，增加或减小给水量的同时，适当增加或减小减温水量，作为辅助调节手段。在调节减温水量时，不允许大幅度开启和关闭减温水调门。

6）根据汽温变化速度改变磨煤机煤量的分配或改变二次风工况，并通过过量风辅助调节，以保证汽温稳定。

7）再热器出口汽温由布置在尾部烟道中的烟气挡板控制，两个烟道的挡板以相反的方向动作。在50％～100％BMCR负荷之间，再热蒸汽温度控制在569^{+5}_{-10}℃。

8）再热汽温偏低时，再热器烟道挡板向全开位置调整，以减小再热器烟道阻力，增加通过再热器烟道的烟气量，提高再热汽温。在负荷低于85％时再热器挡板全开。在再热器烟道挡板开度超过60％之前过热器烟道挡板在原位置不动，当再热器烟道挡板开度超过60％时，两套挡板将同时操作，这样将增加通过再热器对流受热面的烟气量以提高再热器出口汽温。

9）当再热汽温升高时过热器烟道挡板将开启。在过热器烟道挡板开度低于60％时，再热器烟道挡板维持在原来位置。当过热器烟道挡板开度超过60％时，两套挡板将同时操作。如果再热器汽温继续升高，过热器烟道挡板完全开启，再热器挡板向关闭方向动作。分隔烟道挡板失去控制信号或电源时固定不动。

10）如果再热器烟道挡板完全关闭且再热出口汽温继续升高（例如在扰动运行状态下），那么在设定目标值以上5℃时减温器截止阀将自动开启，减温器用于控制末级再热器出口汽温，喷水水源取自给水泵的中间抽头。

11）烟气挡板系统的响应有一定的滞后性，在瞬变状态或需要时，可投入再热喷水减温。

12）负荷低于50％BMCR时，应避免使用再热喷水减温，特殊情况下使用喷水减温，应注意喷水流量及喷水后温度的变化，避免汽温大幅变化。

13）锅炉运行中进行燃烧调整，增、减负荷，投、停燃烧器，启停给水泵、吹灰等操作，都将使主蒸汽温度和再热汽温发生变化，此时应特别加强监视并及时进行汽温调整工作。

14）运行期间，主、再热蒸汽温度自动调节系统如发生故障，应切为手动，并立即通知热工设法尽快恢复自动调节装置运行。

15）当机组发生MFT及运行中主汽温度急剧下降无法恢复时，主、再热减温水快关阀必须关闭。

16）屏式过热器出口管壁温度正常运行中应控制在520℃以下，超过585℃报警，高过出口管壁温度正常运行中应控制在580℃以下，超过605℃报警。

三、锅炉燃烧调整

1）为提高燃烧的经济性，减小热偏差，防止锅炉结焦、堵灰、金属材料过热等情况的发生，必须进行燃烧调整。各参数的调整在自动好用且具备条件时应投入自动。

2）通过火焰电视的火焰显示认真监视炉内燃烧情况及煤粉着火距离，正常的燃烧，火焰呈金黄色，不偏斜，不冲刷水冷壁，有良好的充满程度。

3）调整好送、引风量，保持负压在 $-50\sim-100Pa$，防止炉膛正压运行。

4）保证好最佳的一、二次风率，保证烟气氧量在 4%～5%，组织良好的炉内燃烧工况，前后墙燃烧器尽量对称投入，减小热偏差。

5）值班人员应确知当值所用炉前燃料的种类、特性（挥发分、水分、灰分、固定碳等）、灰熔点和煤粉细度，当发现由于各种原因造成燃烧不稳时，应及时投入油枪，稳定燃烧，并查明原因及时消除燃烧不稳的因素，同时应注意煤质变化、配风改变对汽温等参数的影响，及时进行调整。

6）当燃用灰熔点过低或油、煤混烧时，防止结渣，可适当提高氧量值。

7）保证受热面的清洁，吹灰器应按要求正常投入，防止积灰和结焦。

8）调整燃料量的同时，给水应配合调节，防止煤水比严重失调，造成参数的大幅度波动。

9）投入制粉系统之前应正确投入对应的油枪。

10）根据负荷、煤质和燃烧情况，设定煤品质参数，调整燃烧器的投停，保持炉膛截面热负荷的均匀性。

11）保持一层煤粉所带负荷在磨煤机出力的 50%～80%，超过此范围的负荷调整要减少或增加运行煤粉层数。

12）注意在进行停磨操作时，应保持或增加运行磨的负荷，防止运行磨负荷过低，不能维持自身燃烧器着火。

13）经常观察火检运行情况，尤其是启停磨和低负荷期间，及时调整煤粉浓度，保证火检正常，如发现火检故障，应立即通知检修处理。

14）检查炉内燃烧情况，炉内火焰充满度高，煤粉着火距离适中，防止火焰偏斜和冲刷水冷壁，各段受热面两侧烟温接近，降低排烟损失和飞灰可燃物含量。

15）改变风量、燃料量以适应锅炉负荷的变化，维持适当的风煤比。加煤时，磨煤机通风阻力增加，防止一次风量过小造成煤粉管堵塞或烧坏燃烧器喷嘴；减煤时，磨煤机通风阻力减小，如不做调整，一次风量随减煤反而增大，一次风速过高，煤粉浓度降低，造成着火推迟、燃烧不稳定。

16）正常运行当机组负荷低于 200MW 或燃烧不稳时，投油稳定燃烧。不论何种原因引起快速减负荷，负荷降至 300MW 以下时，应立即投油助燃，稳定燃烧。

17）运行中当发现炉膛局部灭火，濒临全炉膛灭火时或炉膛已灭火时，应立即手动 MFT，切断全部燃料供给，防止锅炉灭火放炮。

18）检查燃烧器和受热面，如有结焦、积灰、堵灰现象，及时采取有效措施。

19）为防止燃烧不稳，在锅炉负荷 50%以下不得进行炉膛受热面蒸汽吹灰。燃烧恶化时，停止吹灰工作。

四、二次风的调整

1）总风量的调整是通过开大或关小送风机动叶来进行调整的，喷燃器二次风风速挡板开度在锅炉安装及大小修后的冷态空气动力场试验时确定，正常运行时不进行调整，运行火嘴风量挡板应全开，停用火嘴风量挡板应开 20%～30%对喷燃器进行冷却。喷燃器中心油枪冷却风不论火嘴投停均应在全开位置，避免油枪烧坏。

2）特殊情况（如煤质发生较大变化影响锅炉稳定燃烧或燃烧器发生异常）需重新调整燃烧器二次风风速挡板时，应由有关技术人员确定，才能改变。

3）喷燃器内设有二、三次风风量分配挡板，分配挡板的开度在调试时根据 NO_x 的排放效果及锅炉燃烧效率确定好，需要调整时应由有关人员确定才能改变。三次风风速挡板设计成不可调节的型式，在燃烧器安装时固定在燃烧器出口最前端位置，正常运行时不进行调整。

4）锅炉负荷 30%BMCR 以前，保持二次风箱与炉膛差压为 0.40kPa。锅炉负荷 30%～50%MCR 之间，二次风箱与炉膛差压增至 0.7kPa。锅炉负荷 50%MCR 后，保持二次风箱与炉膛差压 0.7～1.0kPa。

5）上部燃烬风挡板，根据负荷来切投，负荷为 50%～75%MCR 时开燃烬风挡板，75%～100%逐渐开燃尽风挡板至全开。

6）当油枪投入时，该油层中心风挡板自动调整至油枪点火位置（35%），投油后根据燃烧情况调整风门开度。

7）锅炉负荷增加至 200MW 以上时，氧量校正可以投入"自动"。

五、炉膛压力的调整

◆机组正常运行中如何判断锅炉汽压变化？

答：由于汽压的变化总是与蒸汽流量的变化紧密相关，如果汽压发生变化，则应通过蒸汽流量来判断是外部原因还是内部原因。如果汽压与蒸汽流量的变化方向相同，则属于内因，即锅炉本身因素的影响，如汽压下降，蒸汽流量减小，说明燃烧的供热不足；如果汽压与蒸汽变化方向相反，则属于外因，即外界负荷的影响，如汽压下降，同时蒸汽流量增加，说明外界要求蒸汽流量增加。

◆通过监视炉膛负压及烟道负压能发现哪些问题？

答：炉膛负压是运行中要控制和监视的重要参数之一。监视炉膛负压对分析燃烧工况、烟道运行工况，以及分析某些事故的原因均有重要意义。

当炉内燃烧不稳定时，烟气压力产生脉动，炉膛负压表指针会产生大幅度摆动；当炉膛发生灭火时，炉膛负压表指针会迅速向负方向甩到底，比水位计、蒸汽压力表、流量表对发生灭火时的反应还要灵敏。

烟气流经各对流受热面时，要克服流动阻力，故沿烟气流程烟道各点的负压是逐渐增大的。在不同负荷时，由于烟气变化，烟道各点负压也相应变化。如负荷升高，烟道各点负压相应增大，反之，相应减小。在正常运行时，烟道各点负压与负荷保持一定的变化规律；当某段受热面发生结渣、积灰或局部堵灰时，由于烟气流通断面减小，烟气流速升高，阻力增大，于是其出入口的压差增大。故通过监视烟道各点负压及烟气温度的变化，可及时发现各段受热面积灰、堵灰、泄漏等缺陷，或发生二次燃烧事故。

◆运行中锅炉受热面超温的主要原因及运行中防止受热面超温的主要措施有哪些？

主要原因：

运行中如果出现燃烧控制不当、火焰上移、炉膛出口烟温高或炉内热负荷偏差大、风量不足燃烧不完全引起烟道二次燃烧、局部积灰、结焦、减温水投停不当、启停及事故处理不当等情况都会造成受热面超温。

运行中防止超温的措施：

要严格按运行规程的规定操作，锅炉启停时应严格按启停曲线进行，控制锅炉参数和各受热面管壁温度在允许范围内，并严密监视及时调整，同时注意汽包、各联箱和水冷壁膨胀是否正常。

要提高自动投入率，完善热工表计，灭火保护应投入闭环运行，并执行定期校验制度。严密监视锅炉蒸汽参数、流量及水位，主要指标要求压红线运行，防止超温超压、满水或缺水事故发生。

应了解近期内锅炉燃用煤质情况，做好锅炉燃烧的调整，防止汽流偏斜，注意控制煤粉细度，合理用风，防止结焦，减小热偏差，防止锅炉尾部再燃烧。加强吹灰和吹灰器的管理，防止受热面严重积灰，也要注意防止吹灰器漏水、漏汽和吹坏受热面管子。

注意过热器、再热器管壁温度监视，在运行上尽量避免超温。保证锅炉给水品质正常及运行中汽水品质合格。

◆影响锅炉受热面积灰的因素有哪些？

受热面温度：当受热面温度太低时，烟气中的水蒸气或硫酸蒸汽在受热面上发生凝结，将使飞灰粘在受热面上。

烟气流速：如果烟气流速过低，很容易发生受热面堵灰，但流速过高，受热面磨损严重。

飞灰颗粒大小：飞灰颗粒越小，则相对表面积越大，也就越容易被吸附到金属表面上。

气流工况和管子排列方式：当速度增加，错列管束气流扰动大，管子上的松散积灰易被吹走，错列管子纵向节距越小，气流扰动越大，气流冲刷作用越强，管子积灰也就越少；相反，顺列管束中，除第一排管子外，均会发生严重积灰。

◆防止锅炉炉膛爆炸事故发生的措施有哪些？

加强配煤管理和煤质分析，并及时做好调整燃烧的应变措施，防止发生锅炉灭火。

加强燃烧调整，以确定一、二次风量、风速、合理的过剩空气量、风煤比、煤粉细度、燃烧器倾角或旋流强度及不投油最低稳燃负荷等。

当炉膛已经灭火或已局部灭火并濒临全部灭火时，严禁投油助燃。当锅炉灭火后，要立即停止燃料（含煤、油、燃气、制粉乏气风）供给，严禁用爆燃法恢复燃烧。重新点火前必须对锅炉进行充分通风吹扫，以排除炉膛和烟道内的可燃物质。

加强锅炉灭火保护装置的维护与管理，确保装置可靠动作；严禁随意退出火焰探头或联锁装置，因设备缺陷需退出时，应做好安全措施。热工仪表、保护、给粉控制电源应可靠，防止因瞬间失电造成锅炉灭火。

加强设备检修管理，减少炉膛严重漏风、防止煤粉自流、堵煤；加强点火油系统的维护管理，消除泄漏，防止燃油漏入炉膛发生爆燃。对燃油速断阀要定期试验，确保动作正确、关闭严密。

防止严重结焦，加强锅炉吹灰。

◆为什么锅炉在运行中应经常监视排烟温度的变化？锅炉排烟温度升高一般是什么原因造成的？

因为排烟热损失是锅炉各项热损失中最大的一项，一般为送入热量的 6％ 左右；排烟温度每增加 12～15℃，排烟热损失增加 1％；同时排烟温度可反映锅炉的运行情况，所以排烟温度应是锅炉运行中最重要的指标之一，必须重点监视。

使排烟温度升高的因素如下：

1）受热面结垢、积灰、结渣。

2）过剩空气系数过大。

3）漏风系数过大。

4）燃料中的水分增加。

5）锅炉负荷增加。

6）燃料品种变差。

7）制粉系统的运行方式不合理。

8）尾部烟道二次燃烧。

◆ **什么是低氧燃烧，有何特点？**

为了使进入炉膛的燃料完全燃烧，避免或减少化学和机械不完全燃烧损失，送入炉膛的空气总量总是比理论空气量多，即炉膛内有过剩的氧。例如，当炉膛出口过剩空气系数 α 为 1.31 时，烟气中的含氧量为 5%；当 α 为 1.17 时，含氧量为 3%，根据现有技术水平，如果炉膛出口的烟气含氧量能控制在 1%（对应的过剩空气系数，α 为 1.05）或以下，而且能保证燃料完全燃烧，则属于低氧燃烧。

低氧燃烧有很多优点，首先可以有效地防止或减轻空气预热器的低温腐蚀。低温腐蚀是由于燃料中的硫燃烧产生二氧化硫，二氧化硫在催化剂的作用下，进一步氧化成三氧化硫，三氧化硫与烟气中的水蒸气生成硫酸蒸汽，烟气中的露点大大提高，使硫酸蒸汽凝结在预热器管壁的烟气侧，造成预热器的硫酸腐蚀，三氧化硫的含量对预热器的腐蚀速度影响很大。三氧化硫的生成量不但与燃料的含硫量有关，而且与烟气中的含氧量有很大关系，低氧燃烧使烟气中的含氧量显著降低，大大减少了二氧化硫氧化成三氧化硫的数量，降低了烟气的露点，可以有效地减轻预热器的腐蚀。低氧燃烧，使烟气量减少，不但可以降低排烟温度，提高锅炉效率，而且送引风机的电耗也下降，受热面磨损减轻。

◆ **锅炉受热面有哪几种腐蚀？如何防止受热面的高、低温腐蚀？**

锅炉受热面的腐蚀有承压部件内部的锅内腐蚀、机械腐蚀、高温腐蚀及低温腐蚀四种。

防止高温腐蚀的方法：

1）提高金属的抗腐蚀能力。

2）组织好燃烧，在炉内创造良好的燃烧条件，保证燃料迅速着火，及时燃尽，特别是防止一次风冲刷壁面；使未燃尽的煤粉尽可能不在结渣面上停留；合理配风，防止壁面附近出现还原气体等。

3）降低燃料中的含硫量。

4）确定合适的煤粉细度。

5）控制管壁温度。

防止低温腐蚀的方法：

1）燃料脱硫。

2）提高预热器入口空气温度。

3）采用燃烧时的高温低氧方式。

4）采用耐腐蚀的玻璃、陶瓷等材料制成的空气预热器。

5）把空气预热器的"冷端"的第一个流程与其他流程分开。

◆**锅炉结焦的原因及危害有哪些?**

1. 锅炉结焦的原因

灰的性质:灰的熔点越高,则越不容易结焦,反之熔点越低,越容易结焦。

周围介质的成分:在燃烧过程中,由于供风不足或燃料与空气混合不良,使燃料达不到完全燃烧,未完全燃烧将产生还原性气体,灰的熔点大大降低。

运行操作不当:由于燃烧调整不当使炉膛火焰发生偏斜;一、二次风配合不合理,一次风速高,煤粒没有完全燃烧而在高温软化状态黏附在受热面上继续燃烧,而形成恶性循环。

炉膛容积热负荷过大:由于炉膛设计不合理或锅炉不适当的超出力,而造成炉膛容积热负荷过大,炉膛温度过高,造成结焦。

吹灰、除焦不及时:炉膛受热面积灰过多,清理不及时或发现结焦后没及时清除,都会造成受热面壁温升高,使受热面严重结焦。

2. 锅炉结焦的危害

1)锅炉热效率下降。受热面结焦后,使传热恶化,排烟温度升高,锅炉热效率下降。

燃烧器出口结焦,造成气流偏斜,燃烧恶化,有可能使机械未安全燃烧热损失、化学未完全燃烧热损失增大。

使锅炉通风阻力增大,厂用电量上升。

2)影响锅炉出力。水冷壁结焦后,会使蒸发量下降。

炉膛出口烟温升高,蒸汽出口温度升高,管壁温度升高,以及通风阻力的增大,有可能成为限制出力的因素。

3)影响锅炉运行的安全性。结焦后过热器处烟温及汽温均升高,严重时会引起管壁超温。

结焦往往是不均匀的,结果使过热器热偏差增大,对自然循环锅炉的水循环安全性及强制循环锅炉的水冷壁热偏差带来不利影响。

炉膛上部结焦块掉落时,可能砸坏冷灰斗水冷壁管,造成炉膛灭火或堵塞排渣口,使锅炉被迫停止运行。

除渣操作时间长时,炉膛漏入冷风太多,使燃烧不稳定甚至灭火。

---

1)当有一台引风机运行时,炉膛负压即可以投自动。机组正常运行中,炉膛负压控制要尽量投自动,当自动控制状态下炉膛压力波动较大且无恢复趋势时,可以解为手动控制。

2)在自动状态下,炉膛压力小于-1.0kPa时闭锁引风机动叶开度的增加和送风量的减小。

3)在自动状态下,炉膛压力大于+0.8kPa时闭锁送风量的增加和引风机动叶开度的减小。

4)炉膛压力小于-2.5kPa、大于+2.5kPa时,锅炉MFT。

六、汽压调整

1)锅炉采用定-滑-定的运行方式,压力-负荷曲线见图5-1,并保证与汽轮机相匹配。正常运行中,主蒸汽压力给定值根据机组滑压运行曲线自动给定。

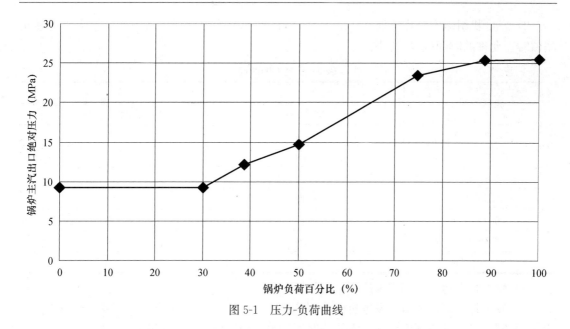

图 5-1　压力-负荷曲线

2）汽轮机跟随的运行方式。在这种运行方式下，汽轮机通过改变调门开度以保持主汽压力。

3）锅炉跟随的运行方式。在这种运行方式下，锅炉通过改变燃烧率以保持主汽压力不变。

4）协调方式。这种运行方式是锅炉跟随的协调方式。机炉作为一个整体，联合控制机组负荷及主汽压。

5）在手动与自动切换时。要尽量使实际压力与自动设值一致，然后进行切换。改变主汽压力时，定值改变幅度不得过大，每次改变设定值不应超过 0.2MPa/min。

6）在任何情况下锅炉都禁止超压运行，出现超压应尽快采取降压措施：快速减少燃料同时按比例降低给水流量；适当升高机组负荷降低汽压；汽压上升较快超过 26.5MPa 时提前手动开启 PCV 降压，防止弹簧安全门动作。

七、发电机系统主要参数的监视与调整

1）电压和频率范围。发电机在额定功率因数、电压变化范围为±5％和频率变化范围在−3％～＋2％时，能连续输出额定功率。当发电机电压变化为±5％、频率变化在−6％～＋3％的范围运行时，输出功率、温升值、运行时间及允许发生的次数满足表 5-4 的要求。

表 5-4　相关参数的要求

电压（kV）	20.0	20.5	21.0	19.5
频率（Hz）	47.5	47.5	51.5	51.5
有功功率（MW）	535	585	600	600
定子铁芯温升（K）	25.46	25.52	25.80	25.49
转子绕组最高温升（K）	74.00	73.74	66.4	59.49
每次（min）	1	1	0.5	0.5
寿命期内（次）	60	60	60	60

2）发电机组能安全连续地在 48.5～50.5Hz 频率范围内运行，当频率偏差大于上述频率值时，允许的时间按表 5-5 执行。

表 5-5　允许的时间

频率（Hz）	允许时间	
	每次（s）	累计（min）
51.0～51.5	<30	<30
50.5～51.0	<180	<180
48.5～50.5	连续运行	
48.5～48.0	<300	300
48.0～47.5	<60	<60
47.5～47.0	<20	<10
47.0～46.5	<5	<2

3）发电机在运行中额定氢压下，漏氢量少于 $11m^3/d$。

4）发电机电压调节器：发电机电压调节器正常运行在"AVR 自动"位置，运行人员切至"手动"，必须征得调度许可，事故情况下发生自动切换时，应立即汇报调度。

5）功率因数：发电机额定功率因数为 0.9（迟相），正常运行一般不超过 0.95（迟相）。经调度批准后，发电机允许进相运行，但进相运行时应严格执行以下规定：

（1）发电机在不同有功负荷状态下调整无功负荷。

（2）发电机在任何有功负荷状态下进相运行，功率因数都不能低于 0.95（进相）。

（3）在发电机进相运行期间，6kV 厂用母线电压不能低于 5.7kV，否则停止继续降低无功负荷。

（4）在发电机进相运行期间，发电机定子电压、定子电流不能超过运行限额，否则停止继续降低无功负荷。

（5）在发电机进相运行期间，应注意监视确认发电机各部分温度、温升不超过运行限额，否则立即停止进相运行。

（6）当机组运行不稳定时，应立即将发电机拉回至迟相运行状态，并汇报值长。

八、发电机氢气系统监视与调整

1）当氢压变化时，发电机的允许出力由绕组最热点的温度决定，即该点温度不得超过发电机在额定工况时的温度。不同氢压、不同功率因数时发电机的出力应按容量曲线带负荷。氢压太低或在 CO_2 及空气冷却方式下不准带负荷。

2）发电机正常运行期间的氢气纯度必须>98%，含氧量<1.2%。若氢气纯度<98%，必须补排氢使氢气纯度>98%；当氢气纯度下降至 95% 时，应立即减负荷并进行补排氢；若氢气纯度继续下降至 90%，应立即停机排氢进行检查。当氢侧密封油泵停用时，应注意氢气纯度在 90% 以上。

3）发电机氢压与定子冷却水的压差必须在 0.035MPa 以上。当压差低至 0.035MPa 时报警。

九、发电机冷却系统的监视与调整

1）正常运行期间，定子冷却水的电导率在 0.5～1.5μS/cm 范围以内。

2）当定子冷却水电导率>2μS/cm时，设法降低电导率至正常。

3）当定子冷却水电导率升至9.5μS/cm时发出电导率高报警，汇报领导，做好停机准备。

4）离子交换器出口电导率正常运行期间为0.1～0.4μS/cm。

5）发电机定子冷却水量正常时为93m³/h，冷却水量低Ⅰ值报警为62m³/h，冷却水量低Ⅱ值报警为46m³/h，发出事故信号，使发电机从电网解列，同时解除发电机励磁。当发电机定子绕组冷却水进出口压差比正常高0.035MPa时发出报警。

6）定子冷却水箱应保持一定的氮压，正常控制在0.014MPa，以防止水质污染。

7）定子冷却水系统补水的进口压力为0.36MPa，其允许的最高进水温度为60℃，发报警信号；水温90℃时，无法恢复时，手动打闸停机。

8）定冷水冷却器正常为一台运行，当有一台冷却器停运时发电机可以带100%负荷。

9）氢气冷却器在运行中停止一台运行时，发电机可在额定氢压、额定功率因数下带80%额定负荷。

十、发电机正常运行巡回检查的项目

1）发电机各部温度正常，无局部过热现象，进、出水温和风温正常。

2）发电机各部声音正常，振动不超过规定值。

3）发电机及冷却水管路无渗漏现象。定子线圈冷却水各参数符合规定的要求。

4）机壳内氢气压力、纯度、含氧量、温度、湿度各参数符合规定的要求。

5）封闭母线无振动、放电、局部过热现象。

6）发电机主开关操作机构油压合格。

7）系统的绝缘合格，无接地的现象。

8）励磁系统元件无松动、过热、保险无熔断的现象，各开关位置符合运行方式，风机运行正常，指示灯指示正常。

9）发变组保护投入运行正常，指示灯指示正常。

10）各CT、PT、中性点变压器无发热、振动及异常现象。

11）机组附近清洁无杂物。

第四节 非设计工况运行

一、机前压力

1）主汽压力不超过额定压力的10%。

2）10%～30%的瞬间压力波动时间一年内的总和≤12h。

二、主再热蒸汽温度

1）正常情况下，主再热蒸汽温度最高不允许超过574℃。

2）非正常工况下，主汽温度不允许超过580℃且一年内累计时间不超过400h。

3）主汽温度在15min内的波动不允许超过594℃且一年内累计时间不超过80h。

4）主再热蒸汽温度偏差在-28～28℃；非正常工况下主汽温度不高于再热蒸汽温度42℃。

5）启动和低负荷运行时，主汽温度不高于再热蒸汽温度83℃。

6）在任何情况下，第一级蒸汽温度不允许比第一级金属温度高 110℃ 或低 56℃。

三、符合下列条件，高压加热器退出运行可带 100％ 负荷运行

1）主汽流量不超过 TMCR 工况流量。
2）主汽压力、温度，再热汽温度在额定值。
3）各段抽汽压力不超过 TMCR 工况压力。

四、凝汽器单侧运行

机组最高带负荷 450MW。

五、低压加热器解列的规定：保证各段抽汽压力不超限（T-MCR 工况）

1）切除二台低压加热器机组最高带负荷 570MW。
2）切除三台低压加热器机组最高带负荷 500MW。
3）切除四台低压加热器机组最高带负荷 380MW。
4）切除所有加热器，其负荷最大为 50％。

第六章　机组停止运行

第一节　机组停运前的准备

1）值长接到停机命令并明确停机的原因、时间、方式后，应通知各相关部门及各岗位做好停机前的准备及工作安排。

2）机组长应通知各岗位值班人员对所属设备、系统进行一次全面检查。

3）机组大、小修或停炉时间超过 7d，应将所有原煤仓烧空。

4）做好辅汽、轴封及除氧器汽源切换的准备工作，使切换具备条件。

5）对炉前燃油系统全面检查一次，确认系统备用良好，燃油储油量能满足停炉的要求。

6）停炉前应对锅炉受热面（包括空气预热器）全面吹灰一次。

7）分别进行主机交流润滑油泵、主机直流事故油泵、高压密封油泵、顶轴油泵、小汽轮机直流事故油泵、盘车电机试转，检查确认其正常并在自动位备用，若试转不合格，非故障停机条件下应暂缓停机，待缺陷消除再停机。

8）全面抄录一次蒸汽及金属温度，然后从减负荷开始，在减负荷过程应每隔 1h 抄录。

第二节　机组正常停运

◆什么叫滑参数停炉？

答：为对承压部件进行抢修而需停炉时，一般采用滑参数停炉，即在机组停止运行的过程中，负荷降至 70%～80%，然后降低锅炉主汽压力，使汽轮机调速汽门全开，继续逐渐地降温、降压，负荷随着汽温、汽压的下降，直至达到可以调整的最低参数后，将剩余负荷减至为零；在数日的计划停机备用时，为使汽轮机汽缸温度在启动时可以与锅炉启动时易于达到的汽温相匹配，要求停前将汽缸温度降低到预定温度，则滑停时到达此温度后停止参数下降而立即减负荷停机，锅炉停止，此停炉方式称滑参数停炉。

◆滑参数停炉有何优点？

答：滑参数停炉是和汽轮机滑参数停机同时进行的，采用滑参数停炉有以下优点：（1）可以充分利用锅炉的部分余热多发电，节约能源。（2）可以利用温度逐渐降低的蒸汽使汽轮机部件得到比较均匀和较快的冷却。（3）对待检修的汽轮机，采用滑参数法停机可缩短停机到开缸的时间，使检修时间提前。

一、确认机组运行方式

1）机组控制方式保持炉跟机协调运行方式。

2）按正常运行方式以负荷变化率 12MW/min，减负荷至 300MW。

二、机组减负荷至 240MW

1）解除 AGC，设定目标负荷为 240MW。

2）在 CRT 上确认机组负荷和汽压逐渐降低。当运行中的给煤机转速降至 30t/h 时，可自上而下停运制粉系统。

3）在降低发电机有功负荷的同时注意调整发电机无功负荷。

4）在机组负荷降至 240MW 时，投入空气预热器连续吹灰，保留三套制粉系统运行。

5）当机组负荷降到 240MW 时，炉水循环泵自动启动，炉水循环泵在限制流量模式控制下运行，循环调节阀稍稍打开（5％），避免储水箱抽空。

6）当机组负荷降至 240MW 时，确认主汽压力为 12.5MPa。

7）当机组负荷降至 240MW 时，启动电动给水泵，停运一台汽泵，运行小汽轮机手动控制，投入电泵转速自动。

三、机组减负荷至 30MW

1）当机组负荷低于 240MW 时，锅炉应视燃烧情况逐步投入助燃油枪。

2）当机组负荷降至 180MW 时，进行下列操作：

（1）逐渐减小第二台小汽轮机负荷，并停止第二台小汽轮机运行。

（2）高压加热器随机滑停或由高到低切除，低压加热器应随机滑停。

（3）锅炉燃料主控切手动并降低负荷指令。

（4）根据燃烧、负荷情况停一套制粉系统，保留最下层两套制粉系统运行。

3）机组负荷降至 120MW 时，确认低压疏水阀全部开启。确认除氧器汽源倒为辅助汽源且压力正常。

4）机组负荷降至 100MW 时轴封蒸汽供汽切为由辅助蒸汽供给。

5）机组负荷降至 90MW 时或低压缸排汽温度＞70℃时，低压缸喷水阀自动打开。

6）机组负荷降至 90MW 以下，视情况停止一套制粉系统运行，停止前应确认最后保留运行的一套制粉系统助燃油枪已投入，保证稳定燃烧。

7）机组负荷降至 60MW 时，进行以下操作：

（1）根据参数情况，燃煤量逐渐减至最低，停止最后一台制粉系统。停止一次风机、密封风机运行。

（2）确认高中压疏水阀自动打开。

（3）逐渐降低燃油流量，以 9MW/min 的负荷变化率，降负荷至 30MW。准备解列停机。

四、停机

1. 发电机解列停机的步骤

1）发电机解列前检查：发电机解列前应检查发电机主开关 SF$_6$ 气压、液压合格。

2）确认发电机有功负荷至零，无功负荷近于零。

3）汽轮机打闸。

4）确认 MFT 动作。

5）确认发电机主断路器跳闸。

6）确认发电机三相定子电流表指示为零。

7）确认发电机灭磁开关断开。

8）拉开发变组出口隔离开关。

9）打开所有发变组保护压板。

10）断开发变组主断路器的控制电源、隔离开关的控制电源。

2. 发电机解列应遵守的规定

1）除紧急停机外，解列发电机必须有值长的命令方可进行。

2）正常情况下，应由汽轮机打闸并通过逆功率保护来跳开发变组出口断路器。

3）如用发变组断路器解列，在解列后必须通过减磁方法来观察无功的变化情况和发电机定子电流的变化情况，从而判明发电机确已解列。

4）只有在发变组出口断路器三相全部断开后，才能进行灭磁。

5）发电机解列后，必须断开断路器的控制电源及隔离开关的控制电源。

五、停炉

1）炉膛熄火后，确认燃油主速断阀及燃油回油速断阀关闭。停止电动给水泵。

2）解列燃油系统，通知燃油泵房。

3）锅炉熄火后，送、引风机保持运行，保持30％MCR通风量吹扫5min，停止送风机、吸风机，检查确认关严锅炉各人孔、看火孔及各烟、风挡板，关闭有关挡板闷炉。

4）锅炉熄火后，立即开启包墙环形集箱疏水、低温过热器入口集箱疏水、屏式过热器出口疏水阀、主蒸汽及再热蒸汽管道低点疏水阀。对短期停炉，为了保持锅炉压力，锅炉低点疏水可暂时不开；对长期停炉低点疏水应保持打开，以促进锅炉冷却。

5）汽轮机打闸后，确认过热器、再热器减温水隔离阀、调节阀关闭。

6）停止炉水循环泵闷炉。

7）锅炉熄火后，关闭汽水取样隔离阀。

8）汽轮机破坏真空后，开启再热器疏水、放气阀。

9）当炉膛出口温度低于 50℃时，可停止火检冷却风机。

10）当空气预热器进口烟温低于 100℃时，可停止两台空气预热器运行。

11）过热器出口压力未到 0 以前，应有专人监视和记录各段壁温。

六、汽轮机惰走

1）机组脱扣以后，确认高压密封油泵联启、确认交流润滑油泵联启。确认机组转速开始下降，记录惰走时间。

2）注意检查机组惰走情况，细听各部声音是否正常。

3）当机组转速降至 1200r/min 时，启动顶轴油泵。

4）当机组转速低于 600r/min 且排汽缸排汽温度<70℃时，确认低压缸喷水阀自动关闭。

5）机组转速为 400r/min 时，关所有至凝汽器的疏水、疏汽门，停止真空泵运行，开真空破坏门。当凝汽器真空到零时，停止向汽轮机轴封供汽。

6）机组转速到零，应手动投入盘车，盘车转速为 3r/min。检查记录盘车电机电流及摆动值和转子偏心度。停止氢气冷却水系统。

7）汽轮机盘车期间，倾听汽缸轴封处声音，监视汽缸膨胀指示均匀收缩，维持润滑油温在 27～35℃ 之间。检查顶轴油压。

8）监视汽缸金属壁温，做好防止汽轮机进冷汽、冷水的措施。

9）正常情况，汽轮机第一级金属温度低于 120℃ 时方可停止盘车。盘车停止后，停止顶油泵。

10）因工作需要或盘车故障而停止盘车：

（1）当盘车停止后应做好转子位置的标志，记录停止时间，投入大轴晃度表，并调整该标计到 "0" 位。在重新投入盘车时先翻转 180°，当转子晃度回到 "0" 位时，恢复连续盘车。

（2）盘车电机故障造成不能电动盘车时，应查明原因尽快消除，并设法手动每 30min 间断盘车 180°。由于其他原因造成盘车不动时，禁止用机械手段强制盘车或强行冲转。

11）机组停运后，如发电机内有氢气，应保持盘车和密封油系统运行，维持密封油与氢气压差为 0.084MPa。

12）发电机内的氢气被置换合格且盘车停止后，方可停止密封油系统运行。

13）当所有的冷却水用户均停止后，可停止闭冷泵。

14）汽轮机低压缸排汽温度低于 50℃ 时，冷却水用户均停止后，可停止循环泵。

第三节　滑参数停机

一、滑停过程中有关参数控制

1）过、再热蒸汽降温速度：＜1.5℃/min。

2）过、再热蒸汽降压速度：＜0.3MPa/min。

3）汽缸金属温降率：＜83℃/h。

4）过、再热蒸汽过热度：＞56℃。

5）严密监视汽轮机首级蒸汽温度不低于首级金属温度 56℃ 以上，否则应立即打闸停机。

6）在整个滑停过程中要严密监视汽轮机胀差、轴位移、上下缸温差、各轴承振动及轴瓦温度在规程规定的范围内，否则应打闸停机。

二、机组负荷由 600MW 减至 450MW

1）在主控画面上设定目标负荷为 450MW，按照锅炉、汽轮机滑停曲线要求，开始降温、降压。设定负荷变化率不高于 15MW/min，主汽压变化率不高于 0.3MPa/min，缓慢减小锅炉燃烧率，机组负荷随主蒸汽压力的降低而减小。

2）负荷 510MW 时，检查主机轴封压力正常，并注意轴封汽源切换。

3）负荷 480MW 时，根据情况做真空严密性试验。

4）在机组减负荷过程中，逐渐减小给煤机转速，减少锅炉燃料量。

5）当负荷降至 450MW 时检查各系统运行参数、自动控制正常。停止最上一层煤燃烧器，保持 4 套制粉系统运行。若原煤仓需烧空，则需进行确认及敲打。

三、机组负荷从 450MW 减至 300MW

1）在主控画面上设定目标负荷为 300MW。

2）控制负荷变化率不高于 12MW/min。

3）启动电动给水泵，并泵运行正常后，退出一台汽动给水泵。

4）当主汽压力小于 16MPa 时，检查确认储水箱小流量阀在自动位。

5）当负荷降至 300MW 时检查各系统运行参数、自动控制正常。停止一套制粉系统运行，保持三套制粉系统运行。

四、机组负荷从 300MW 减至 180MW

1）在主控画面上设定目标负荷为 180MW。

2）负荷至 240MW 时，锅炉应视燃烧情况逐步投入助燃油枪，空气预热器连续吹灰。

3）控制负荷变化率不高于 9MW/min，主汽压力变化率不高于 0.1MPa/min。

4）注意储水箱的水位，当水位达到 2350mm 时检查确认炉水循环泵自启动正常。其过冷水调节阀、再循环调节阀动作正常。炉水循环泵在限制流量模式控制下运行，循环调节阀稍稍打开（5%），避免储水箱抽空。

5）负荷降至 180MW 时全面检查确认各系统运行参数、自动控制正常。将机组辅汽切为由机组共用辅汽联箱供汽，并且确认辅汽系统运行正常，冷再至机组辅汽压力调节阀关闭。退出另一台汽动给水泵运行。为保证燃烧稳定，可增投油枪。

6）当负荷降至 180MW 时，确认机组低压疏水阀应自动打开，若不能自动打开则手动打开。

7）当负荷降至 180MW 时，根据燃烧负荷情况停一套制粉系统，保留最下层两套制粉系统运行。

五、机组负荷从 180MW 减至 60MW

1）联系值长，发电机做好解列准备。

2）机组继续降负荷，减少锅炉燃烧量，进行机组降温、降负荷，控制负荷变化率不高于 6MW/min。

3）负荷 150MW 时，除氧器汽源由四段抽汽倒至辅汽联箱。

4）负荷 150MW 时，检查确认主机低压疏水阀自动开启及部分疏水阀开启。

5）退出高、低压加热器汽侧运行，应注意加热器的水位变化情况。

6）机组减负荷至 100MW 时，视情况停止一套制粉系统运行，停止前应确认最后保留运行的一套制粉系统助燃油枪已投入，保证稳定燃烧。

7）检查确认汽轮机低压缸喷水自动投入，并维持低压缸排汽温度不大于 50℃。

8）机组减负荷至 90MW 时，检查确认机组如下高中压疏水阀应自动打开，否则应手动打开：

（1）1 号、2 号高压主汽门阀座疏水。

（2）主汽母管疏水阀及 1 号、2 号高压主汽阀前疏水。

（3）高调阀导管疏水。

（4）1 号、2 号中联阀阀座疏水。

（5）热段母管疏水及 1 号、2 号中压主汽阀前疏水。

（6）高排逆止阀前后疏水及冷段母管疏水。

9）负荷至 60MW，启动主机交流润滑油泵、高压密封油泵运行，检查确认其工作正常。

六、机组负荷从 60MW 减至 18MW

1）在主控画面上设定目标负荷为 18MW。

2）根据参数情况，燃煤量逐渐减至最低，停止最后一台制粉系统。停止一次风机、密封风机运行。

3）当退出最后一台制粉系统后通知除灰专业退出电除尘。

4）负荷至 18MW 时将无功负荷降至 5MV·A。

5）注意除氧器和凝汽器水位。

6）联系值长，根据滑停参数的要求可将发电机解列。

七、解列停机（解列停机、停炉及其后的操作同正常停机）

八、滑参数停机注意事项

1）机组滑参数停运应参照"机组滑参数停运曲线"控制整个进程。

2）锅炉燃油期间应根据燃油压力注意油枪投/退正常。避免油燃烧器前油压过高或过低。

3）锅炉燃油期间应现场检查确认油燃烧器燃烧稳定。

4）锅炉在停止过程中空气预热器应连续吹灰。

5）在机组停运过程中及 MFT 时注意炉膛负压调节正常。

6）汽轮机滑停过程中应注意监视下列项目：

（1）汽缸上下温差、低压缸排汽温度、转子偏心度、各轴承振动、胀差、轴承温度等参数。

（2）定期倾听汽轮机有无动、静摩擦声。

（3）注意主机油系统工作正常，注意密封油系统运行正常。

（4）确认主机惰走时间正常，否则应查找原因。

7）机组停运后调整好燃油泵的运行方式。

8）停机过程中汽轮机、锅炉要协调好，汽温、汽压不应有大幅度波动现象。停用磨煤机时，应密切注意主汽压力、温度、炉膛压力的变化。注意汽温、汽缸壁温下降速度，汽温下降速度严格符合滑停曲线要求。

9）停机过程中，应加强对主蒸汽参数的监视，尤其是主蒸汽过热度大于 56℃。汽轮机调节级、蒸汽温度不低于调节级金属温度 56℃，否则应立即打闸停机。

10）停机过程中，再热蒸汽温度的下降速度应尽量跟上主蒸汽温度的下降速度，主、再热蒸汽的温度偏差应控制在 42℃ 以内，达到 83℃ 应立即打闸停机。

11）降负荷过程中注意各水位正常，及时退出高低压加热器运行。给水泵最小流量阀可根据负荷情况提前手动打开。

12）滑停过程中注意加强机组声音、各轴承振动、轴向位移、胀差、轴承金属的监视。

13）解列前迅速将发电机有功功率减至 18MW，无功功率降至 5MV·A，手动脱扣汽轮机，检查高中压主汽门、高中压调门、各级抽汽逆止门、高排逆止门关闭。

14）注意记录转子惰走时间。转子惰走到 1200r/min 时，顶轴油泵应联启，否则手动开启，转子静止后手动投入盘车。主机盘车投入后，定时记录转子偏心度及高中压缸胀、胀差、高中压缸第一级温度、轴向位移等。盘车运行期间，严密监视汽缸金属温度变化趋势，杜绝冷汽、冷水进入汽轮机。

15）盘车装置的投入与停止：

（1）盘车装置如因故不能投入，则立即采用手动盘车，每隔 15～20min 盘动转子 180°，并设法尽快恢复连续盘车运行。如果盘车在运行中跳闸，则应立即试投一次，如投入不成功，并确认是阻力大引起，则表明转子已弯曲，应改用定期 180°的手动盘车，严禁强行投入连续盘车。同时检查汽缸疏水系统，查找原因。

（2）盘车运行期间，润滑油温应在 27～35℃ 之间，保持发电机密封油系统运行正常。定时倾听高低压轴封声音。

（3）盘车应连续运行，直至高压缸第一级金属内壁温小于 120℃，若发电机已经进行气体置换且密封油系统停运，可停运主机交流润滑油泵。停机后盘车期间禁止检修与汽轮机本体有关的系统，以防冷空气倒入汽缸，特殊情况必须汇报总工批准，且需执行相关规定。

（4）因盘车装置故障或其他确实需要立即停用盘车的检修工作，中断盘车后，在转子上的相应位置做好记号，并记住停止盘车的时间。

（5）高压缸第一级内壁温在 350℃ 以上时，停盘车不能超过 3min，每停 1min，应进行 10min 的连续盘车，直到转子偏心度恢复正常为止。

（6）高压缸第一级内壁温在 220℃ 以上时，如有紧急工作，每停 30min，应盘车 180°或连续盘车直至转子偏心度恢复正常为止。

（7）盘车中断后在可恢复连续盘车前就先转动转子 180°，等待盘车停用时间相同后继续连续盘车。此时应特别注意转子的偏心度，盘车电流无过大的升高或晃动。

（8）在连续盘车期间，汽缸内有明显的金属摩擦声，且盘车电流大幅度晃动（非盘车装置故障），应立即停止连续盘车，改为手动盘车时行直轴，直至可以恢复使用盘车装置为止。

（9）若转子卡住，应设法每小时将机组盘车一次。

（10）顶轴油系统工作失常，盘车转子出现"爬行"现象，虽然增开直流润滑油泵并降低油温（大于 27°）仍不能消除，应停止连续盘车，每隔 10min 转动转子 180°以保持转子伸直，直到投有连续盘车面不发生爬行为止。

16）停机时间少于 6h 需要再次启动的，不必开启主蒸汽管道的疏水，在再次启动冲转前开启，进行 3～5min 的疏水。对机本体及导汽管疏水可在冲转前进行 5min 的疏水，而之前可以保持关闭状态。

17）停机后，应注意上、下缸温差，主、再热蒸汽管道的上、下温差和容器水位及压力、温度的变化。如上、下缸温差急剧增大，应立即查明时水或时冷汽的原因，并予以切断水、汽来源，排除积水。

18）锅炉完全不需要上水时，停止除氧器加热，停炉水循环泵、停电泵。若锅炉已放水，炉水循环泵不需要清洗水源时可以停凝结水泵。

19）锅炉吹扫后彻底解列炉前燃油系统，停止送、引、一次风机，关闭所有挡板闷炉。

20）锅炉熄火后，应严密监视空气预热器进、出口烟温，发现烟温不正常升高和炉膛压力不正常波动等再燃烧现象时，应立即采取灭火措施。

21）根据值长命令，当锅炉压力为 0.8MPa 时采取热放水方式养护，或采用加热充压法、干燥保养法、充氮保养法、湿式保养法等养护方法。

22）机组在降有功负荷时，励磁应相应地调整，维持机端电压正常。

23）在正常情况下的解列采用先打闸关主汽门，逆功率保护动作将发电机与系统解列。

第四节　机组停运锅炉抢修

一、降温降压

1）按照机组滑参数停机的要求，将汽温、汽压降至目标值。

2）降参数过程中的注意事项同滑参数停机。

二、解列停机

1）当机组负荷降至 18MW 时，汽轮机打闸，发电机解列，锅炉 MFT。

2）锅炉通风 5min 后，停止所有引风机和送风机运行。

3）其他操作同正常停炉操作。

三、停炉后的自然冷却

1）锅炉熄火 6h 后，打开风烟系统有关挡板，使锅炉自然通风冷却。

2）锅炉熄火 18h 后，启动吸、送风机，维持 30％MCR 风量对锅炉强制通风冷却。

3）根据需要启动炉水循环泵加强锅炉冷却。

4）主汽压力降至 0.8MPa，打开水冷壁、省煤器各放水阀，锅炉热炉放水。

四、停炉后的快速冷却

1）当锅炉受热面有抢修工作或其他原因停炉时，可采用将锅炉快速冷却消压的方法。

2）锅炉熄火吹扫后保留一套吸、送风机运行，以 20％MCR 风量强制通风冷却。

3）维持储水箱水位，并保持炉水循环泵运行。

4）当储水箱水温低于 93℃时，停止炉水循环泵运行并将其停电，打开水冷壁各放水阀、省煤器各放水阀和主再热汽空气阀，将炉水放尽。

第七章　机组停运后的保养

第一节　锅炉停运后的保养

一、锅炉停运后的保养方式

锅炉停用期间应给予保养，保养方式取决于停炉季节和停用时间的长短，在保养方案确认后，应及早做好保养准备，并通知化学人员。机组保养方法有热炉放水、十八胺保养法、氨-联胺保养法等，停炉 7d 以内采用热炉放水法进行锅炉保养，机组停用 7d 及以上时，热力系统一般采用加氨-肼胺的保养方法，也可以采用充氮气进行干式保养。

二、热炉放水法

1）锅炉停用后，确认锅炉上水管道已隔绝。

2）锅炉停炉吹扫结束后，停止吸送风机，关闭所有烟风道挡板。

3）锅炉降压到 0.8MPa 左右时，全炉放水。

4）热炉放水后，应将蒸汽系统疏水阀打开，各设备、管道能放尽水的，趁热放掉，自然风干。

三、锅炉充氮气干式保养

1）停炉后，开启再热器所有排空气门，将再热器管内积水及残余的蒸汽排尽。

2）当再热器排空气门无蒸汽排出时，检查与再热蒸汽相关阀门关闭。

3）通过充氮系统向再热器充氮。

4）再热器温度为 100℃时，应维持氮气压力 0.034MPa 以上。

5）过热器压力降至 0.8MPa 以下，锅炉进行热炉放水。

6）放水完毕后严密关闭机、炉侧过热器所有排空门、疏放水门，通过充氮系统对过热器系统充氮，当充氮压力大于 0.034MPa 时结束充氮。

7）保养期间定期确认炉内氮气压力维持在 0.034MPa 以上，定期由化学化验 N_2 纯度，不合格时，应重新补入氮气。

第二节　汽轮机停运后的保养

一、汽轮机停机不超过一周的保养

1）隔绝一切可能进入汽轮机内部的汽水系统。

2）所有管道及本体疏水阀均应开启。汽缸上下壁温差加大时，关闭缸体疏水。

3）高压加热器水侧由化学充联氨水保养。

二、高压加热器汽侧湿储存保养

低压加热器汽、水侧及凝汽器疏水扩容器存水放尽。

三、汽轮机停机超过一周的保养

1）高压加热器汽、水侧及除氧器均充氮保养。

2）长时间停运的汽轮机保养，应由检修进行热风干燥，烘干汽缸内设备。

四、发电机停运后的保养

1）发电机内仍有氢气时氢气报警系统应投入。

2）停机期间发电机内充满氢气时，确保足够的氢侧密封油量和氢气纯度，以免机内结露。

3）密封油冷却器出口油温应控制在 27～35℃。

4）保持氢气纯度在 98％以上，当氢气纯度低于 98％时，应补氢置换至合格。当氢侧密封油泵停运时，则维持在 90％及以上。

5）定期检查定子冷却水电导率，应维持在 $0.5\sim1.5\mu S/cm$ 范围内。

第八章　机组主要保护

第一节　汽轮机主要保护

一、汽轮机自动跳机保护

洗轮机自动跳机保护相关项目见表 8-1。

表 8-1　洗轮机自动跳机保护相关项目

序号	项目	单位	数值	备注
1	机械超速 110%	r/min	3300	薄膜接口阀动作
2	汽轮机 TSI 电超速 110%	r/min	3300	4 只电磁阀全动
3	DEH 失电			4 只电磁阀全动
4	轴向位移大	mm	±1.0	4 只电磁阀全动
5	轴振大	mm	0.25	4 只电磁阀全动
6	汽轮机高压缸排汽温度高		475	4 只电磁阀全动
7	高压透平比低 （调节级压力/高排压力）		1.7	
8	MFT			4 只电磁阀全动
9	操作员站手动跳机按钮			4 只电磁阀全动
10	润滑油压低	MPa	0.065	同时启动直流油泵
11	EH 油压低	MPa	9.3±0.05	4 只电磁阀全动
12	排汽压力高	kPa	28	绝对压力
13	汽轮机超速 103%	r/min	3090	两只 OPC 动作
14	发电机主保护			
15	发电机定子断水保护	t/h	46	

二、汽轮机主要联锁保护

汽轮机主要联锁保护相关项目见表 8-2。

表 8-2 汽轮机主要联锁保护相关项目

项目		单位	整定值	联动内容
润滑油压	低Ⅰ值	MPa	0.084	启动交流润滑油泵、高压密封油泵
	低Ⅱ值	MPa	0.065	启动直流润滑油泵、停机
	低Ⅲ值	MPa	0.034	切断盘车电机电源
抗燃油压	低Ⅰ值	MPa	11.2	联启备用泵
	低Ⅱ值	MPa	9.3	停机
低真空	低Ⅰ值	kPa	16.7	报警、联启备用泵
	低Ⅱ值	kPa	28	停机

三、调节级叶片保护

每次冷态、温态启动时，保持单阀运行一天，以减少固体粒子腐蚀。装有下面所列转子和调节级叶片的汽轮机，至少要经过六个月的全周进汽方式的初始运行。

1）所有新装转子，包括原配转子、备用转子和替换转子。

2）所有新装调节级叶片的旧转子。

第二节 锅炉主要保护

1）汽轮机跳闸。

2）两台送风机全停。

3）两台引风机全停。

4）丧失燃料（任一油枪曾经投入后失去全部燃料）。

5）两台一次风机全停（无任一油枪运行且两台一次风机均停发脉冲信号）。

6）全炉膛灭火（任一给煤机运行 10s 后失去全部火焰；每层煤粉、油火焰均失去大于 4/5）。

7）炉膛压力高至 2.5kPa（三选二）。

8）炉膛压力低至 −2.5kPa（三选二）。

9）给水流量低（省煤器入口流量低至 135kg/s 三选二延时 3s）。

10）汽水分离器出口蒸汽温度高（三选二）。

11）空气预热器全停。

12）火检冷却风丧失（火检冷却风压力低三选二）。

13）风量低（一次总风量与二次总风量之和小于 118kg/s）。

14）手动 MFT。

第三节　电气主要保护

一、发变组保护 A 柜配置（以许继设备为例）（表 8-3）

表 8-3　发变组保护 A 柜配置（以许继设备为例）

序号	保护名称		投退压板	动作结果	备注
		发电机保护			
1	发电机差动保护		1LP	全停	故录启动
2	发电机 TA 断线			发信号	
3	定子接地	基波	2LP	全停	故录启动
		三次谐波		发信号	
4	转子一点接地	高定值	3LP	发信号	
		低定值		全停	故录启动
5	对称过负荷	定时限	5LP	减出力	
		反时限		解列	故录启动
6	不对称过负荷	定时限	6LP	发信号	
		反时限		解列	故录启动
7	失磁	一段	7LP	减出力	
		二段		切换厂用电	
		三段		解列	故录启动
8	失步	区外	8LP	发信号	
		区内		解列	故录启动
9	过电压		9LP	解列灭磁	故录启动
10	逆功率	t1	10LP	发信号	
		t2		解列灭磁	故录启动
11	程跳逆功率	t	11LP	解列灭磁	故录启动
12	低频累加	1 段	12LP	发信号	
		2 段		发信号	
		3 段		发信号	
		4 段		程序跳闸	故录启动
		累加		发信号	
13	复合过流	t1	13LP	解列	故录启动
		t2		全停	故录启动
14	过励磁		14LP	解列灭磁	
15	突加电压		15LP	解列	故录启动
16	发电机 TV 断线			发信号	

续表

序号	保护名称		投退压板	动作结果	备注
	主变保护				
17	主变差动		16LP	全停	故录启动
18	阻抗	t1	17LP	跳母联	故录启动
		t2		解列灭磁	故录启动
19	零序过流一、二	t1	18LP	跳母联	故录启动
		t2		解列灭磁	故录启动
	零序反时限过流			解列灭磁	故录启动
20	主变TA断线			信号	
21	间隙零序过流		19LP	解列灭磁	故录启动
22	零序过压		20LP	解列灭磁	故录启动
23	通风启动		21LP	启动通风	
24	失灵启动	t1	22LP	解除失灵复压闭锁	
		t2		启动失灵	
25	非全相		23LP	解列，减出力，启动失灵	故录启动
26	高压侧TV断线			信号	

出口压板

序号	压板	名称	动作对象
1	25LP	出口1	跳主开关线圈1
2	26LP	出口2	跳主开关线圈2
3	27LP	出口3	跳厂用A分支开关
4	28LP	出口4	跳厂用B分支开关
5	29LP	出口5	跳厂用C分支开关
6	30LP	出口6	切换A分支厂用电
7	31LP	出口7	切换B分支厂用电
8	32LP	出口8	切换C分支厂用电1
9	33LP	出口9	切换C分支厂用电2
10	34LP	出口10	跳MK线圈1
11	35LP	出口11	跳MK线圈2
12	36LP	出口12	关主汽门
13	37LP	出口13	汽轮机甩负荷
14	38LP		跳母联开关线圈1
15	39LP		跳母联开关线圈2
16	40LP		启动通风
17	41LP	出口14	减出力
18	42LP		解除失灵复压闭锁
19	43LP		启动失灵
20		出口15	保护动作开入1本柜用
21		出口16	保护动作开入2去南自保护柜

二、发变组保护 B 柜配置（以许继设备为例）（表 8-4）

表 8-4　发变组保护 B 柜配置（以许继设备为例）

序号	保护名称		投退压板	动作结果	备注
	A 厂变保护				
1	A 厂变差动保护		1LP	全停	故录启动
2	高压侧复压过流	t1	2LP	切换 A、B 段厂用电	故录启动
		t2		解列灭磁	
3	A 分支复压过流	t1	4LP	切换 A 分支厂用电	故录启动
		t2		解列灭磁	
4	B 分支复压过流	t1	5LP	切换 B 分支厂用电	故录启动
		t2		解列灭磁	
5	A 分支零序过流	t1	6LP	闭锁 A 分支厂用快切装置	故录启动
		t2		解列灭磁	
6	B 分支零序过流	t1	7LP	闭锁 B 分支厂用快切装置	故录启动
		t2		解列灭磁	
7	通风启动		3LP	A 厂变启动通风	
8	备用				
9	TV 断线			发信号	
10	TA 断线			发信号	
	B 厂变保护				
11	B 厂变差动		13LP	全停	故录启动
12	高压侧复压过流	t1	14LP	切换 C 段厂用电	故录启动
		t2		解列灭磁	故录启动
13	低压侧复压过流	t1	16LP	切换 C 段厂用电	故录启动
		t2		解列灭磁	
14	低压侧零序过流	t1	17LP	闭锁 C 分支厂用快切装置	故录启动
		t2		解列灭磁	
15	通风启动		15LP	启动通风	
16	励磁变差动		18LP	全停	故录启动
17	励磁变过流		19LP	解列灭磁	故录启动
18	励磁绕组过负荷	定时限	20LP	减励磁	
		反时限		解列灭磁	故录启动
19	TV 断线			发信号	
20	TA 断线			发信号	

出口压板			
序号	压板	名称	动作对象
1	25LP	出口 1	跳主开关线圈 1
2	26LP	出口 2	跳主开关线圈 2
3	27LP	出口 3	跳厂用 A 分支开关
4	28LP	出口 4	跳厂用 B 分支开关
5	29LP	出口 5	跳厂用 C 分支开关
6	30LP	出口 6	切换 A 分支厂用电
7	31LP	出口 7	切换 B 分支厂用电
8	32LP	出口 8	切换 C 分支厂用电 1
9	33LP	出口 9	切换 C 分支厂用电 2
10	34LP	出口 10	跳 MK 线圈 1
11	35LP	出口 11	跳 MK 线圈 2
12	36LP	出口 12	关主汽门
13	37LP	出口 13	汽轮机甩负荷
14	38LP	出口 14	闭锁 A 分支厂用快切装置
15	39LP	出口 21	闭锁 B 分支厂用快切装置
16	40LP	出口 14	闭锁 C 分支厂用快切装置
17	41LP	出口 21	闭锁 C 分支厂用快切装置
18	44LP	出口 22	减励磁
19	42LP	出口 28	A 厂变启动通风
20	43LP	出口 28	B 厂变启动通风
20		出口 15	保护动作开入 1 本柜用
21		出口 16	保护动作开入 2 去南自保护柜

三、发变组保护 C 柜配置（以南自设备为例）（表 8-5）

表 8-5　发变组保护 C 柜配置（以南自设备为例）

序号	保护名称	投退压板	动作结果	备注
1	发电机差动保护	1XP01	全停	
2	转子一点接地（电气量）低定值	1XP02	全停	
3	定子接地	1XP03	解列灭磁	
4	过电压	1XP04	解列灭磁	
5	过激磁	1XP05	解列灭磁	

序号	保护名称		投退压板	动作结果	备注
6	失磁	t1	1XP06	减出力	
		t2	1XP07	解列	
		t3	1XP08	解列	
		t4	1XP09	切换厂用电	
7	失步跳闸		1XP10	解列	
8	逆功率		1XP11	解列灭磁	
9	程跳逆功率		1XP12	解列灭磁	
10	不对称过负荷	反时限	1XP13	程序跳闸	
11	对称过负荷	定时限	1XP14	减出力	
		反时限	1XP15	程序跳闸	
12	突加电压		1XP16	解列	
13	主变差动		1XP17	全停	
14	主变间隙零序电流		1XP18	解列灭磁	
15	主变间隙零序电压		1XP19	解列灭磁	
16	主变零序电流	t11	1XP20	跳母联	
		t12	1XP21	解列灭磁	
		t21	1XP22	跳母联	
		t22	1XP23	解列灭磁	
17	主变阻抗	t1	1XP24	跳母联	
		t2	1XP25	解列灭磁	
18	低频 t4		1XP26	全停	
19	发电机复合过流	t1	1XP27	跳母联	
		t2	1XP28	解列灭磁	
20	转子两点接地		IXP29	全停	
21	失灵	t1	1XP30	解除母线复压闭锁	
		t2	1XP31	启动失灵	
22	非全相 t		1XP32	解列	
23	转子一点接地（非电量）低定值		1XP33	全停	
24	主变通风		1XP34	启动通风	

出口压板

序号	压板	动作对象
1	1XB	跳主开关线圈1
2	2XB	跳主开关线圈2
3	3XB	保护动作1
4	4XB	关主汽门
5	5XB	跳母联开关线圈1
6	6XB	跳母联开关线圈2
7	7XB	启动失灵
8	8XB	启动通风
9	9XB	跳MK线圈1
10	10XB	跳MK线圈2
11	11XB	切换A分支厂用电
12	12XB	切换B分支厂用电
13	13XB	跳厂用A分支开关
14	14XB	跳厂用B分支开关
15	15XB	汽轮机甩负荷
16	16XB	解除母线复压闭锁
17	17XB	跳厂用C分支开关
18	18XB	备用
19	19XB	减出力
20	20XB	切换C分支厂用电1
21	21XB	备用
22	22XB	备用
23	23XB	切换C分支厂用电2
24	24XB	保护动作2

四、发变组保护 D 柜配置（以南自设备为例）（表 8-6）

表 8-6　发变组保护 D 柜配置（以南自设备为例）

序号	保护名称	投退压板	动作结果	备注
1	A高厂变差动	1XP01	全停	
2	A高厂变复压过流	1XP02	解列灭磁	
3	A高厂变A分支零序过流	1XP03	解列灭磁	
4	A高厂变B分支零序过流	1XP04	解列灭磁	
5	B高厂变差动	1XP05	全停	

序号	保护名称	投退压板	动作结果	备注
6	B高厂变复压过流	1XP06	解列灭磁	
7	B高厂变分支零序过流	1XP07	解列灭磁	
8	A高厂变A分支过流	1XP08	A分支解列	
9	A高厂变A分支过流	1XP09	B分支解列	
10	B高厂变C分支过流	1XP10	C分支解列	
11	励磁变差动	1XP11	全停	
12	励磁变过流	1XP12	解列灭磁	
13	励磁绕组过负荷定时限	1XP13	减励磁	
14	励磁绕组过负荷反时限	1XP14	解列灭磁	
15	A高厂变通风	1XP15	A高厂变通风启动	
16	B高厂变通风	1XP15	B高厂变通风启动	

出口压板

序号	压板	动作对象
1	1XB	跳主开关线圈1
2	2XB	跳主开关线圈2
3	3XB	保护动作1
4	4XB	关主汽门
5	5XB	闭锁A高厂变A分支快切
6	6XB	闭锁A高厂变B分支快切
7	7XB	闭锁B高厂变C分支快切
8	8XB	启动A高厂变通风
9	9XB	跳MK线圈1
10	10XB	跳MK线圈2
11	11XB	切换A分支厂用电
12	12XB	切换B分支厂用电
13	13XB	跳厂用A分支开关
14	14XB	跳厂用B分支开关
15	15XB	汽轮机甩负荷
16	16XB	启动B高厂变通风
17	17XB	跳厂用C分支开关
18	18XB	减励磁
19	19XB	切换C分支厂用电1
20	20XB	保护动作2
21	21XB	闭锁B高厂变C分支快切2
22	22XB	切换C分支快切2
23	23XB	备用
24	24XB	备用

五、发变组保护 E 柜配置（以南自设备为例）（表 8-7）

表 8-7　发变组保护 E 柜配置（以南自设备为例）

序号	保护名称	投退压板	动作结果	备注
软件跳保护				
1	主变冷却器全停	XP01	解列灭磁	
2	A 高厂变冷却器全停	XP02	解列灭磁	
3	B 高厂变冷却器全停	XP03	解列灭磁	
4	发电机断水	XP04	解列灭磁	
5	发电机热工	XP05	解列灭磁	
6	灭磁开关跳闸位置	XP06	解列	
7	机组全停按钮	XP07	全停	
8	主变温度	XP08	解列灭磁	
9	A 高厂变温度	XP09	解列灭磁	
10	B 高厂变温度	XP10	解列灭磁	
11	励磁变温度	XP11	解列灭磁	
直跳保护				
12	主变重瓦斯	17XP	全停	
13	主变压力释放	18XP	全停	
14	A 高厂变重瓦斯	19XP	全停	
15	A 高厂变压力释放	20XP	全停	
16	B 高厂变重瓦斯	21XP	全停	
17	B 高厂变压力释放	22XP	全停	

出口压板

序号	压板	动作对象
1	1XB	跳主开关线圈 1
2	2XB	跳主开关线圈 2
3	3XB	关主汽门
4	4XB	备用
5	5XB	跳 MK 线圈 1
6	6XB	跳 MK 线圈 2
7	7XB	切换 A 分支厂用电
8	8XB	切换 B 分支厂用电
9	9XB	跳厂用 A 分支开关
10	10XB	跳厂用 B 分支开关
11	11XB	汽轮机甩负荷
12	12XB	备用
13	13XB	跳厂用 C 分支开关
14	14XB	备用
15	15XB	切换 C 分支厂用电 1
16	16XB	切换 C 分支厂用电 2

六、保护动作结果说明

1）全停：跳主开关，灭磁开关，厂用分支开关，关主汽门，切换厂用电。

2）解列：跳主开关。

3）解列灭磁：跳主开关，灭磁开关，厂用分支开关，汽轮机甩负荷，切换厂用电。

4）程序跳闸：先关主汽门，启动程跳逆功率保护解列灭磁。

5）分支解列：跳厂用分支开关，闭锁该分支快切。

6）减励磁：减小发电机励磁电流。

7）减出力：减小汽轮机功率。

8）切换厂用电：将厂用工作电源切换至备用电源。

9）跳母联：跳开母联开关，母线解列。

10）启动失灵：开关失灵后跳开与之连接的所有开关。

11）解除母线复压闭锁：解除失灵保护复压闭锁。

12）发信号：保护动作后发信号并伴有声光报警、DCS 报警，以示设备异常。

13）通风启动：启动变压器辅助冷却器。

14）闭锁分支快切：闭锁厂用分支快切装置。

第九章 机组事故处理

第一节 事故处理原则

一、事故处理导则

1）事故发生时，应按"保人身、保电网、保设备"的原则进行处理。

2）事故发生时的处理要点。

（1）根据仪表显示及设备的异常现象判断事故发生的部位。

（2）迅速处理事故，首先解除对人身、电网及设备的威胁，防止事故蔓延。

（3）必要时应立即解列或停用发生事故的设备，确保非事故设备正常运行。

（4）迅速查清原因，消除事故。

3）故障发生时，所有值班员应在值长统一指挥下及时正确地处理故障。值长应及时将故障情况通知非故障机组，使全厂各岗位做好事故预想，并判明故障性质和设备情况以决定机组是否可以再启动恢复运行。

4）非当值人员到达故障现场时，未经当值值长同意，不得私自进行操作或处理。当确定危及人身或设备安全时，可先处理然后及时报告值长。

5）当发生规程范围外的特殊故障时，值长及值班员应依据运行知识和经验在保证人身和设备安全的原则下进行及时处理。

6）在故障处理过程中，接到命令后应进行复诵，如果不清，应及时问清楚，操作应正确、迅速。操作完成后，应迅速向发令者汇报。值班员接到危及人身或设备安全的操作指令时，应坚决抵制，并报告上级值班员和领导。

7）故障处理时，值班员应及时将有关参数、画面和故障打印记录收集备齐，以备故障分析。

8）发生事故时，值班员外出检查和寻找故障点时，集控室值班员在未与其取得联系之前，无论情况如何紧急，都不允许将被检查的设备强行送电启动。

9）当事故危及厂用电时，应在保证人身和设备安全的基础上隔离故障点，设法保住厂用电。

10）在交接班期间发生事故时，应停止交接班，由交班者进行处理，接班者可在交班者同意下并由交班值长统一指挥协助处理，事故处理告一段落再进行交接班。

11）事故处理过程中，可以不使用操作票，但必须遵守有关规定。

二、机组紧急停机条件及处理

1. 汽轮机紧急事故停机条件（立即破坏机组真空）

1）汽轮机转速超过危急保安器动作转速3300r/min，而危急保安器拒动。

2）轴向位移超过保护动作值（＋1.0mm 或－1.0mm）而保护未动。

3）汽轮机汽缸上、下温差突然增大超过 56℃，汽轮机发生水冲击。

4）机组突然发生剧烈振动达到保护动作值（0.25mm）而保护未动作或机组内部有明显的金属撞击声。

5）汽轮发电机组任一轴承断油、冒烟或任一支持轴承金属温度达到 113℃或推力瓦金属温度达到 107℃。

6）轴承或端部轴封摩擦冒火时。

7）轴承润滑油压下降至 0.065MPa，而保护不动作。

8）主油箱油位急剧下降至低油位线－300mm 以下。

9）发电机冒烟、着火。

10）机组周围或油系统着火，无法很快扑灭并已严重威胁人身或设备安全。

11）发电机氢气系统发生火灾。

12）密封油系统油氢差压失去，发电机密封瓦处大量漏氢，无法维持机组运行。

13）高压汽水管道破裂，威胁人身和设备安全无法再运行时。

14）汽轮机胀差高中压缸＋11.1mm 或－5.1mm，低压缸＋23.5mm 或－1.52mm 时。

15）厂用电全部失去。

2. 汽轮机故障停机条件（不立即破坏机组真空）

1）主、再热蒸汽温度超过规定值 594℃。

2）主、再热汽温在 10min 内急剧下降 50℃。

3）高压缸排汽温度达 475℃。

4）高压缸进排汽压比低于 1.7。

5）机前主蒸汽压力超过 31.46MPa。

6）主蒸汽与再热蒸汽进汽温差超过 42℃（再热蒸汽温度低）。

7）汽轮机连续无蒸汽运行超过 1min。

8）低压缸 A 或 B 排汽温度大于 80℃，经处理无效，继续上升至 120℃时。

9）发电机定子冷却水电导率达 9.5μS/cm，无法处理。

10）定子冷却水中断而保护不动作，或发电机定子线圈冷却水回水温度达到 90℃。

11）高压缸排汽压力大于额定压力 5.28MPa。

12）DEH、TSI 系统故障，致使一些重要参数无法监控，不能维持机组运行时。

13）发电机氢气或密封油系统发生泄漏，无法维持机组正常运行时。

14）凝汽器压力上升至 28kPa，而保护不动作。

15）发电机热氢温度达到 80℃。

3. 汽轮机跳闸条件

1）汽轮发电机组轴承处轴振超过 0.25mm。

2）汽轮机轴向位移增大至＋1.0mm 或－1.0mm。

3）汽轮发电机组润滑油压低于 0.065Pa。

4）DEH 超速（3330r/min）。

5）TSI 超速（3330r/min）。

6）汽轮机机械超速（3300r/min）。

7）排汽压力升至 28kPa。

8）高压缸进排汽压比低至 1.7。

9）高压缸排汽温度达到 475℃。

10）EH 油压力低到 9.3MPa。

11）发电机断水。

12）DEH 失电。

13）锅炉 MFT 动作。

4. 锅炉紧急停运条件

1）锅炉达到 MFT 动作条件，MFT 保护拒动时。

2）锅炉承压部件、受热面管子和管道爆破难以维持运行。

3）所有锅炉给水流量表计损坏，不能正常监视锅炉上水流量。

4）炉墙发生裂缝或钢架、钢梁烧红。

5）尾部烟道发生二次燃烧或排烟温度超过 250℃。

6）锅炉压力升高超过设定值（安全阀动作值见安全阀章节），安全阀拒动。

7）过热器出口汽温超过 595℃ 或再热汽温超过 595℃。

8）主、再热蒸汽安全阀动作后不回座，造成主、再热器蒸汽压力下降，汽温或各段工质温度变化达到运行限额时。

9）炉膛内或烟道内发生爆炸，使炉墙严重损坏，不能维持炉膛负压或设备遭到严重损坏时。

5. 锅炉跳闸后联锁的设备

1）主燃料跳闸：燃油供油电磁阀和回油电磁阀关闭，各油枪进油电磁阀关闭；给煤机跳闸。磨煤机跳闸，磨煤机出口气动挡板关闭，冷风门、热风门均关闭。一次风机跳闸。增压密封风机跳闸。二次风挡板置吹扫位置。

2）关过热器减温及再热器事故减温水截止阀，关减温水调节阀。

3）联跳汽轮机。

4）联跳发电机。

5）联跳给水泵。

6）联跳吹灰器及电除尘器。

7）脱硫岛退出，动作结果是开旁路烟道挡板，增压风机跳闸。

6. 发电机紧急停运条件

1）汽轮机打闸后，逆功率保护拒动。

2）发电机内有摩擦、撞击声，振动超过允许值。

3）机组内部冒烟、着火、爆炸。

4）发电机组有明显故障，而保护拒动。

5）发电机互感器冒烟、着火、爆炸。

6）发电机失磁，失磁保护拒动。

7）发电机定子线圈漏水，并伴有定子接地。

8）发电机主开关以外发生短路，定子电流表指向最大，电压严重降低，发电机后备保护拒动。

9）发生直接威胁人身安全的紧急情况。

10）发电机定子冷却水中断。

7. 机组紧急停机的操作步骤

1）机、炉、发电机任一紧急停运条件满足，应立即手动按下相应的"紧急跳闸"按钮，通过大联锁使机组停止运行（机组保护跳闸或手动打闸均会使机组联锁保护动作）。

2）检查锅炉、汽轮机、发电机联锁动作正确，如锅炉主燃料未跳，应立即手动跳闸。

3）确认高、中压主汽阀，高、中压调阀，各抽汽逆止阀应迅速关闭，汽轮机转速应下降。

4）检查厂用电系统是否正常，若不正常应手动补救，设法保住厂用电。

5）汽轮机高压段疏水、中压段疏水、低压段疏水应自动开启，否则应手动开启。

6）检查本体疏水扩容器冷却水自动投入正常，否则手动投入。

7）按机组跳闸联锁中的内容检查跳闸后的其他联锁动作是否正确，若不正常应立即手动完成，并通知热工专业人员进行处理。

8）检查确认汽轮机高压密封油泵、交流润滑油泵及顶轴油泵自启动，发电机密封油泵正常运行，转速到零手动投盘车。检查确认油压、油温正常，盘车电流正常。

9）检查确认凝汽器、除氧器水位自动调节正常，若不正常应手动调节保持凝汽器、除氧器水位正常。

10）检查确认主机润滑油温、密封油温、发电机风温、内冷水温正常，必要时解列冷却器冷却水。

11）快关高、低压旁路阀（失去两台循环水泵或机组真空度过低时）。

12）汽轮机转速下降后，停止真空泵运行，打开真空破坏阀（需破坏真空时）。

13）机组跳闸后，应迅速将轴封倒为辅汽供汽。及时调整轴封供汽压力，真空度到零，停用轴封汽，解列轴封减温水。

14）注意汽轮机惰走情况，胀差、振动、轴向位移、缸胀和上下缸温差等，倾听汽轮机内部声音是否正常。

15）发电机内部着火和氢爆炸时，要用二氧化碳灭火，并紧急排氢，转子惰走到近200r/min时，要关闭真空破坏阀，建立真空，尽量维持转速，直至火被扑灭。

16）立即关闭本机冷段及四抽至辅汽电动阀，将除氧器用汽切换为辅汽，并通知邻机保证辅汽压力。

17）将励磁电流减到最小。

18）断开发变组出口刀闸。

19）若引、送风机未跳，应将锅炉总风量调至 25%～30%BMC 工况的风量，吹扫5min。如风机跳闸，开启风烟挡板自然通风 15min 后，应启动送、引风机对炉膛进行吹扫。若短时间不点火，吹扫后停送、引风机，保持锅炉在热备用状态。

20）检查确认厂用电系统运行正常。

21）检查确认低压缸喷水正常投入。

22）完成机组其他正常停运操作。

23）向调度及公司有关领导汇报故障情况。

24）将有关曲线、事故记录打印并保存好，在值班日志中做好事故记录。

三、机组申请停机条件

1. 汽轮机应申请停机的条件

1）DEH 控制系统和配汽轮机构故障时。

2）辅机故障无法再维持主机正常运行时。

3）因油系统故障，无法保持必需的油压与油位时。

4）汽轮机主保护故障退出时。

2. 锅炉应申请停炉的条件

1）受热面管子泄漏，危及邻近管子安全。

2）受热面管子壁温超过材料允许值，经调整无效。

3）给水、炉水、蒸汽品质恶化，经调整无效。

4）安全阀动作不回座，采取措施无效。

5）严重结焦、堵灰，不能维持运行。

6）汽水管道泄漏，难以维持运行。

7）电除尘故障，除尘效率很低。

8）除灰（捞渣机、气力输灰）系统故障，锅炉连续 12h 不能排灰。

3. 发电机申请停机的条件

1）发电机无主保护运行。

2）转子匝间短路严重，转子电流达到额定值，无功仍然很小。

3）发电机定子线棒最高与最低温度间的温差达 8℃或定子线棒引水管出水温差达 8℃时，应查明原因并加强监视。此时可以降低负荷。一旦定子线棒温差达 14℃或定子线棒引水管出水温差达 12℃、发电机任一定子槽内测温元件温度超过 90℃或出水温度超过 85℃时，在确认测温元件无误后，应立即停机。

第二节 机组综合性故障

一、机组甩负荷处理

(一) 发变组主开关跳闸

1. 现象

1）CRT 报警、光字牌亮。

2）机组大联锁动作。

3）发电机主开关跳闸。

4）发电机有功、无功、定子电压、转子电压、电流表指示到零。

5）灭磁开关跳闸。

2. 处理

1）首先检查保护动作情况，判断发电机故障的原因并进行处理。

2）机组大联锁应正确动作，否则应立即打闸，并检查厂用电运行是否正常。

3）如故障为外部故障，应注意甩负荷机组转速是否正常。及时联系调度，准备重新启动。

4）注意发电机甩负荷动作情况，汽轮机不能超速，调整汽轮机转速至 3000r/min，否则应按紧急停机处理。

5）汽轮机已跳闸时，各段抽汽电动阀、逆止阀应关闭，否则立即手动关闭。各疏水应自动开启，否则应手动开启。

6）高、低压旁路阀应自动开启，否则应根据需要手动开启。单机运行锅炉灭火时，注意高旁开度，尽可能维持辅汽的供应。及时调整锅炉给水流量，准备机组再次启动。

7）将轴封切换为辅汽供。

8）停止的小汽轮机注意盘车的投入。

9）完成机组停运的其他操作。

10）检查发变组系统，若无明显故障，机、炉运行良好，立即汇报调度，按值长令并网带负荷。

11）锅炉压力恢复后，机组负荷升到30％以上即可投入"机跟随"方式，条件允许后投入"协调"方式。

（二）汽轮机运行中突然跳闸

1. 现象

1）汽轮机跳闸，发电机保护出口动作，光字牌亮，喇叭响。

2）DEH画面，跳闸指示灯亮。

3）汽轮机转速下降。

4）发电机跳闸，发电机有功、无功、定子电流等表计指示到零。

5）锅炉MFT动作。

2. 处理

1）确认主汽阀、高压调节阀、中压主汽阀、中压调节阀关闭，确认高排逆止阀、各段抽汽电动阀、逆止阀关闭，转速下降。

2）确认发电机联跳，厂用电正常。

3）低压缸喷水自动投入，否则手动投入。

4）检查确认通风阀开启。

5）汽轮机跳闸后联锁动作正确，否则手动完成。

6）高压密封油泵交流润滑油泵、顶轴油泵应联锁启动，否则视油压变化情况立即手动启动。

7）检查确认汽轮机所有疏水阀打开，并确认疏水手动阀在开位。本体疏水扩容器减温水投入正常，否则手动投入。

8）手动调节给水控制阀保持分离器储水箱水位正常。启动炉水循环泵，进行水循环，尽可能减少锅炉的排放量。锅炉吹扫结束后，减小吸、送风机负荷至最低。

9）关闭四抽及冷段至辅汽供汽电动阀。

10）将轴封及除氧器用汽切换为辅汽，并通知邻机保证辅汽压力。

11）检查确认真空、轴封正常，调整凝结器、除氧器水位正常。

12）汽轮机转速下降后，根据情况需破坏真空时，应快关高、低压旁路阀，打开真空破坏阀。

13）注意汽轮机惰走情况，加强汽轮机胀差、振动及上、下缸温差等监视，倾听汽轮机内部声音是否正常。

14）将励磁电流降到最小。

15）注意汽轮机惰走情况，对机组进行全面检查，跳机原因不消除，禁止再启动，机组不能很快恢复运行时，机组应停止运行步骤，进行后续停机处理。

16）若汽轮机确认为保护误动，应立即申请调度，准备重新启动机组，恢复并网运行。

二、机组 50%RB

1）RB 动作现象：

（1）LCD 上光字牌发任一"机组负荷能力"报警。

（2）相应的主要辅机跳闸报警。

（3）机组负荷指令受 RB 逻辑联锁控制并进行自动降负荷，条件满足时，发"机组 RB 动作"信号，自动由"机炉协调"控制切换为"机跟随"方式。

2）下列设备跳闸（实际负荷大于 RB 动作负荷时）机组控制系统发出 RB 动作信号：

（1）任意一台空气预热器跳闸。

（2）任意一台引风机跳闸。

（3）任意一台送风机跳闸。

（4）任意一台一次风机跳闸。

（5）任意一台汽动给水泵跳闸。

（6）电动给水泵跳闸。

3）机组 RB 的控制逻辑：

（1）当机组负荷小于 300MW 时发出故障报警，RB 不动作。

（2）如果机组负荷在 300～480MW 之间，任一台汽动给水泵在运行中跳闸，RB 逻辑动作为：

①发出电泵启动信号。

②电泵自启动成功，不发 RB 信号，机组仍为协调控制。

③可依据机组工况进行给水量调整。保持汽、电泵并列运行。

④锅炉主站指令强制负荷指令≤480MW。

⑤如果电泵未启动，机组发 RB 信号，机组控制方式切为机跟随。自上向下自动停运磨煤机，保持三台磨煤机运行。锅炉主站指令强制将负荷指令减至 300MW，300s 后自动释放。

4）如机组负荷在 480～600MW 之间，任一台汽动给水泵运行中跳闸，RB 逻辑动作为：

（1）自动联启电泵。

（2）电泵自启动成功，不发 RB 信号，机组仍为协调控制。

（3）锅炉主站指令强制至 480MW，300s 后释放后由 RB 指令维持在 480MW 运行。

（4）如果电泵未启动，机组控制方式切为机跟随。自上向下自动停运磨煤机，保持三台磨煤机运行。锅炉主站指令强制将负荷指令减至 300MW，300s 后自动释放。

（5）机组负荷在高于 300MW 负荷，任一空气预热器、引风机、送风机、一次风机运行中跳闸，RB 逻辑动作为：

①锅炉主控指令强制至 300MW，释放后由 RB 指令维持在 300MW 运行。

②机组发出 RB 动作信号，自动由"机炉协调"控制切换为"机跟随"方式。

③自动按顺序停运磨煤机组。

5）机组 RB 的同时，将以下列方式跳闸磨组：

（1）A、E、C、B、D、F 磨运行——跳 B、D、F 磨，每隔 2s 跳闸一台磨煤机。

（2）A、E、C、B、D 或 F 磨运行——跳 B、D 或 F 磨。

（3）A、C、B、D 或 F 磨运行——跳 D 或 F 磨。

（4）A、E、C、B 磨运行——跳 B 或 C 磨。

（5）A、E、B、D 或 F 磨运行——跳 D 或 F 磨。

（6）三台磨运行时不跳磨。

6）RB 处理方法：

（1）任一汽泵跳闸后应立即检查电泵自启动是否正常，并监视自动并泵程序，必要时进行手动干预。机组控制方式切换应正常，否则立即手动切换。

（2）检查实际负荷已至 RB 动作设定值，否则立即手动降低机、炉机组负荷，至 RB 要求值。

（3）密切注意给水量，维持在正常范围内，注意对汽压、汽温的调整。

（4）检查机组真空、振动、胀差、轴向位移和推力轴承工况的变化。

（5）调整锅炉燃烧状态，维持炉膛压力正常，可投部分油枪稳定燃烧。

（6）调整机组运行工况，使其稳定在新的负荷点上。

（7）查明 RB 动作原因，如跳闸设备误动，应立即恢复。

（8）如跳闸设备确有故障，应将其隔离，通知检修处理。

（9）如检查未发现明显故障，可试启一次跳闸设备。

（10）设备故障消除后，尽快恢复机组正常运行方式。

三、厂用电全部中断

（一）厂用电中断的现象

1）交流照明灯熄灭，事故照明灯亮。光字牌报警。

2）锅炉 MFT，汽轮机跳闸，发电机解列。

3）厂用母线电压降到零，无保安电源的交流电机均跳闸。

（二）厂用电中断的原因

厂用电工作电源事故跳闸，备用电源未自投或自投未成功。

（三）厂用电中断的处理

1）主机事故直流油泵、小汽轮机事故直流油泵、空侧直流油泵及氢侧直流油泵应自启动，否则手动启动直流事故油泵。

2）柴油发电机应自启动，否则手动启动柴油发电机，使保安段带电。

3）确认直流系统正常。

4）确认 UPS 切换正常。

5）厂用电中断后，应复归设备并将设备联锁切除。

6）手动关闭可能有汽水倒入汽轮机和凝汽器的阀门。

7）保安段带电后，启动主机交流润滑油泵、高压密封油泵、小汽轮机交流润滑油泵、密封油交流油泵，停直流油泵。启动各辅机油泵。UPS 切换为正常方式运行。

8）机组惰走过程中，应注意监视润滑油压、油温及各轴承金属温度和回油温度。

9）查明备用电源未自投或自投未成功的原因，应尽快投入备用电源。

10）主机静止后如厂用电仍未恢复，应记录停转时间，当厂用电恢复后，按规定投盘车。

11）投入连续盘车 4h 后，才可重新冲车。

12）厂用电中断后，除根据情况采取必需的操作外，一般维持设备的原状。

13）厂用电恢复后，机组的启动程序原则上按机组热态启动的顺序进行。

四、厂用电部分中断

(一) 现象

1) 故障段母线电压指示为零。
2) 故障段开关电流为零。
3) 故障段上低电压保护投入的设备跳闸。
4) 故障段上的运行设备跳闸后，其备用设备联启。

(二) 厂用电中断的原因

厂用电工作电源事故跳闸，备用电源未自投或自投未成功。

(三) 处理

1) 未查清楚原因之前，禁止给失电母线送电。
2) 立即开启未自投的备用设备和恢复已自投设备的开关。
3) 故障段上的未跳闸的设备应手动断开。
4) 若锅炉 MFT 未动作，应尽量维持机组运行，投入稳燃油枪。
5) 若锅炉 MFT 动作，按锅炉 MFT 动作处理。
6) 查明原因，尽快恢复厂用电。
7) 厂用电恢复后，将直流油泵倒为交流油泵运行。

第三节　锅炉异常处理

一、水冷壁、省煤器、过热器及再热器管损坏

1. 现象
1) 锅炉泄漏检测装置报警。
2) 炉本体有明显的泄漏响声，爆管严重时，不严处向外喷炉烟或蒸汽。
3) 锅炉给水流量明显大于蒸汽流量。
4) 炉膛及烟道负压减小或变正，摆动幅度较大。

2. 原因
1) 停炉保养不良，使管子在停炉期间发生腐蚀减薄。
2) 给水、炉水及蒸汽品质长期不合格，使管壁内严重腐蚀。
3) 管子结垢，运行中过热损坏。
4) 运行控制不当，造成短期超温，导致爆管。
5) 管子长期超温运行。
6) 管材制造、焊接工艺不合格。
7) 管内有异物堵塞。
8) 使用材料不当，使运行温度超过管子允许的最高使用温度范围。
9) 管子磨损。
10) AGC 投运后，机组负荷变动过于频繁，造成管子运行温度长期频繁变化，因热疲

劳而损坏。

11）炉膛爆炸或大块焦渣脱落，使水冷壁损坏。

3. 处理

1）检查确证泄漏的部位，如果是水冷壁或省煤器泄漏，泄漏部位又不是水冷壁角部，且泄漏不严重，给水流量能够满足机组负荷需要，各水冷壁金属温度不超温，管间温差在允许范围时，汇报申请停炉，并密切监视泄漏发展情况。

2）若水冷壁或省煤器泄漏严重，给水流量不足，蒸汽温度急剧升高或管间温度偏差越限时，应立即汇报并紧急降负荷后停止锅炉运行。

3）如果是过热器、省煤器或水冷壁角部管泄漏，应尽快联系停炉处理。

4）如果是过热器或再热器管泄漏，且能维持运行，应立即降压、降负荷运行，汇报申请停炉，并密切监视泄漏发展情况。

5）当过热器或再热器管泄漏严重，无法维持运行时，应立即汇报并紧急降负荷后停止锅炉运行。

6）当严重泄漏，补水量达到最大值，无法维持稳定燃烧或受热面超温时，应立即停炉。

7）爆管停炉后，保留一台吸风机运行，待炉内蒸汽基本消失后，停止该吸风机。

8）发现锅炉爆管后，通知电除尘切除部分电场运行，停炉后连续投入加热和振打。

二、空气预热器、尾部烟道着火

1. 现象

1）空气预热器进、出口烟温升高，排烟温度升高，烟压异常，氧量变小；空气预热器火灾探测装置报警，从检查孔处可看到明火。

2）空气预热器电流摆动大，轴承、外壳温度升高，严重时发生卡涩。

3）热一次、二次风温升高。

4）炉膛压力波动，引风机静叶自动开大，引风机电流上升。

5）再热器侧发生再燃烧时，再热汽温不正常地升高，烟气挡板自动关小，过热器侧发生再燃烧，屏过入口汽温升高，一级喷水量增大。

2. 原因

1）锅炉启动（停运）过程中，煤、油混燃时间太长，使尾部受热面、空气预热器波形板积存燃料。

2）锅炉燃油期间油枪雾化不良。

3）锅炉低负荷运行时间过长，使尾部烟道内积存可燃物。

4）煤粉过粗或燃烧调整不当，使未燃尽的煤粉进入锅炉尾部烟道。

5）吹灰器故障，长期投运不正常。

3. 处理

1）空气预热器入口烟温不正常升高时，应分析原因并采取相应调整措施，同时对烟道及空气预热器受热面进行吹灰。

2）经处理无效使空气预热器出口烟温上升至 250℃时，汇报值长，按紧急停炉处理。

3）停炉后，停引、送风机，炉膛严禁通风，严密关闭着火侧风烟挡板。

4）开启消防水进水阀门进行灭火，并开启风烟道有关放水门保证放水畅通。水量不足时可投入空气预热器水冲洗系统，增加灭火水量，投入相应吹灰器进行灭火。

5）保持空气预热器运转，严禁打开空气预热器人孔门观察。

6）确认明火消除，且尾部烟道各段温度正常后，谨慎启动吸、送风机以 25％～30％ 的风量通风 10min。复查正常且设备未遭到损坏时，清除可燃物质并汇报值长，锅炉可以重新点火启动。

三、炉前油系统的故障处理

1. 油角阀内漏的故障原因

主要因为油角阀长期的开关和油角阀的生产工艺不达标，造成在正常情况下，在非油枪运行时，因为母管带压，一部分燃油会渗漏到炉膛中去。这样一方面会造成燃油的浪费，另一方面从安全的角度考虑，渗漏到炉膛中的燃油可能被带出，黏结在尾部烟道上，析出可燃气体和炭黑，经长时间的积聚会引起尾部烟道的二次燃烧。

2. 预防

1）在全粉燃烧的过程中定期监视燃油系统中进回油母管的流量监测装置，并对流量装置进行定期校验，以检测油角阀是否泄漏。

2）炉膛和烟道尤其是尾部烟道要进行定期吹灰，防止油角阀泄漏而造成炉膛的爆燃和尾部烟道的二次燃烧。

3）炉膛附近的管道、阀门、焊缝的渗漏，主要是因为这些地方的温度较高，当管道、阀门、焊缝出现渗漏的现象，很容易造成管道、阀门的外包覆层的着火燃烧，甚至造成火灾的扩大，危及其他正常运行设备的安全。

4）认真做好油枪的定期试验工作。每次投油时必须到就地进行检查，及时发现并处理油枪的泄漏。

四、主汽温度异常

1. 现象

1）主汽温度高于 576℃ 或低于 566℃ 报警。

2）若遇受热面泄漏或爆破，则爆破点前各段工质温度下降，爆破点后各段温度升高。

2. 原因

1）DCS 协调系统故障或手动调节不及时造成煤水比失调。

2）燃料结构或燃烧工况变化。

3）炉膛火焰中心改变。

4）减温水阀门故障或控制失灵，使减温水流量不正常地减小或增大。

5）给水温度或风量不正常。

6）过热器处发生可燃物再燃烧。

7）机组辅机故障造成较大负荷变化。

8）炉膛严重结焦。

9）受热面泄漏、爆破。

3. 处理

1）发现 DCS 故障导致煤水比失调或减温水失控时应立即解除自动，手动调整煤水比和减温水，控制过热器各段温度在规定范围内，DCS 系统正常后将煤水比和减温水投入自动。

2）出现 RB 动作、跳磨、掉焦、吹灰、给水泵跳闸、高压加热器解列等工况发生大幅扰动时，汽温控制由 DCS 自动调整，值班员尽量不要手动干预，但应注意自动调节状况和汽温的变化，必要时可对分离器出口温度定值进行适当的修正，保证各点温度在允许范围内。当发现自动调节工作不正常、汽温急剧变化时，值班员应果断切为手动调整汽温。

3）减温水阀门故障造成汽温异常时，将相应的减温水自动切换为手动调整，必要时适当降低分离器出口温度，降低主汽温度运行，严防主汽温度和管壁超温，及时通知检修处理。

4）主汽系统受热面或管道泄漏应及时停炉处理，泄漏可能造成蒸汽温度异常，在维持运行期间如主汽温度自动不能正常工作，应将其切为手动进行调整。

5）任何情况造成主汽温度和受热面金属温度超温且短期调整无效时，应果断切除上层制粉系统降负荷，也允许切除全部制粉系统，保持锅炉燃油运行，确保受热面的安全。

6）调整炉膛火焰中心高度。

7）主汽汽温高但分离器出口过热度低时则对炉膛水冷壁进行吹灰。

8）加强对汽轮机膨胀、胀差、轴向位移、轴振及轴瓦温度的监视。

9）当汽轮机侧主汽温度 10min 内急剧降低 50℃时，应故障停机。

10）采取上述措施后，主汽温度达到 595℃，或过热器金属壁温高报警后主汽温度仍继续升高无法控制，则手动 MFT。

五、再热蒸汽温度异常

1. 现象

1）再热蒸汽温度高报警（574℃）。

2）再热系统各点温度上升。

3）若遇受热面泄漏或爆破，则爆破点前各点温度下降，爆破点后各点温度上升。

2. 原因

1）再热器减温水阀门或省煤器出口烟气挡板故障或自动调节失灵，造成再热器减温水量减少或低温再热器烟气流量过大。

2）锅炉风量偏离对应工况较大。

3）炉膛严重结焦。

4）煤质突变。

5）再热器受热面泄漏爆破或再热器处发生可燃物再燃烧。

6）冷再安全门动作。

7）主汽温度异常。

8）旁路误开。

9）主汽系统爆管。

3. 处理

1）发现 DCS 故障导致再热汽温自动调节失控，应立即解除自动，手动调整再热汽温，DCS 系统正常后投入，再热汽温调整自动。

2）出现 RB 动作、跳磨、掉焦、吹灰等燃烧工况发生大幅扰动时，汽温控制由 DCS 自动调整，值班员尽量不要手动干预，但应注意自动调节状况和汽温的变化。当发现自动调节工作不正常，汽温急剧变化时，值班员应果断切为手动调整汽温。

3）烟气挡板故障造成汽温异常时，将烟气挡板自动切换为手动调整，必要时投入事故减温水降低温度，严防再热蒸汽和管壁超温。

4）事故减温水门故障造成汽温异常时，切除事故减温水自动，烟气挡板保持自动方式运行，紧急情况时安排操作员就地手动控制减温水阀，严防再热蒸汽和管壁超温或汽温过低。

5）再热蒸汽系统受热面或管道泄漏应及时停炉处理，若泄漏，可能造成蒸汽温度异常，在维持运行期间如再热蒸汽温度自动不能正常工作，应将其切为手动进行调整。

6）任何情况造成再热蒸汽温度和受热面金属超温且短期调整无效时，应果断切除上排制粉系统降负荷，也允许切除全部制粉系统，保持锅炉燃油运行，确保受热面的安全。

7）如果风量偏离对应工况较大造成再热蒸汽温度异常，则应调整锅炉风量至正常。

8）再热蒸汽温度异常，应及时调整燃烧，对受热面进行吹灰，必要时可适当降低主蒸汽温度调整再热蒸汽温度。

9）如再热器处发生可燃物再燃烧，造成再热汽温度升高，除迅速采取降温措施外，还应分别按相应规定进行处理。

10）采取上述措施后，再热蒸汽温度达到595℃，或再热器金属壁温高报警后再热蒸汽温度仍继续升高无法控制，则手动 MFT。

11）如蒸汽参数无法控制，达到汽轮机故障停机条件，应请示停机。

六、锅炉给水流量低

1. 现象

1）主蒸汽流量及机组负荷下降。

2）锅炉受热面工质温度上升。

2. 原因

1）给水泵故障或跳闸。

2）给水系统泄漏。

3）给水系统阀门故障。

4）给水自动控制失灵。

3. 处理

1）给水泵跳闸，RB 功能动作，DCS 系统自动进行处理，值班员尽量不要手动干预。当发现自动控制系统工作不正常时应果断切换为手动调整。手动调整时，首先启动电动给水泵，尽量将给水增加至跳闸前的给水流量，依据给水量调整燃料量。

2）由于给水系统泄漏造成给水流量低，机组降压、降负荷运行并申请停机。若发现高压加热器泄漏应立即切除高压加热器运行，根据给水温度降低情况注意监视分离器出口温度变化，及时调整主汽温度稳定。给水系统泄漏严重威胁人身及设备安全时应立即停止机组运行。

3）给水泵或阀门故障给水流量不能正常调整时，应将燃料量调整至对应的给水流量，稳定机组负荷运行，通知检修维护进行处理。如运行中无法进行处理，应申请停机处理。

4）给水自动调节系统工作不正常时，应立即切至手动调整，及时通知热工进行处理。

5）给水流量低时锅炉沿程蒸汽温度升高，注意对各段蒸汽温度和受热面壁温的监视。发现超温要及时减少燃料量，必要时切除制粉系统，严禁机组超温运行。

6）给水流量低至 MFT 保护动作，按紧急停炉处理。

七、锅炉汽水分离器出口温度高

1. 现象

锅炉汽水分离器出口温度高报警。

2. 原因

1）各种原因造成煤水比失调。

2）机组升、降负荷速度过快。

3. 处理

1）发现水煤比失调后应立即修订自动设定值或切至手动调整，降低燃料量或增加给水量。

2）运行中升、降负荷应按规定的负荷率进行，尽量避免升、降负荷速度过快，造成分离器温度高时应暂停升、降负荷，待汽温稳定后进行调整。

第四节　汽轮机异常运行及事故处理

一、汽轮机水冲击

1. 现象

1）CRT 报警，显示汽轮机上、下缸温差大于 42℃。

2）高、中压主汽阀，高、中压调阀或任一抽汽电动阀、抽汽逆止阀门杆冒白汽。

3）抽汽管道发生水冲击或产生振动，管道上、下壁温差大于 42℃。

4）轴向位移、推力轴承金属温度及推力轴承回油温度急剧升高，汽缸及转子金属温度突然下降，胀差减小并向负方向发展。

5）机组声音异常并伴有金属摩擦声或撞击声，振动增大。

2. 原因

1）汽水分离器满水。

2）主、再热蒸汽减温水调整不当。

3）机组负荷急剧变化，主、再热蒸汽温度急剧降低。

4）本体疏水不良。

5）蒸汽管道疏水不畅。

6）除氧器或高、低压加热器满水。

7）轴封蒸汽温度调整不良，轴封带水。

3. 处理

1）当发现高压主汽阀、调阀或抽汽电动阀、抽汽逆止阀门杆冒白汽时，应紧急停机。

2）当发现汽轮上、下缸温差达 42℃时应及时汇报领班、值长。严密监视主、再热蒸汽汽温，轴向位移、推力轴承金属温度、推力轴承回油温度、胀差及机组振动情况。汽轮机上、下缸温差大于 56℃时，应紧急停机。各参数异常变化时，按规程的有关规定处理。

3）开启内、外缸及有关蒸汽管道疏水阀。

4）若是加热器满水引起的进水，应隔离加热器运行，并开启其抽汽管道疏水阀。

5）当汽轮机因水冲击而停机后，应先进行手动盘车，检查机组无异常后，方可投入连续盘车，在再启动前保持18h连续盘车。

6) 汽轮机因水冲击紧急停机过程中，若伴有轴向位移大报警或跳闸信号，则停机后应由检修进行推力轴承解体检查，否则禁止启动汽轮机。

7) 汽轮机紧急停机过程中，若惰走时间明显缩短，且伴有金属碰撞声，则汽轮机应揭缸检查，否则禁止启动汽轮机。

8) 汽轮机再启动时上、下缸温差应小于42℃，转子偏心度小于0.075mm或不大于原始值的0.02mm。

9) 如果转子被卡住，应设法每小时将机组盘车一次，当转子转动自如时，应继续谨慎地连续盘车。

二、汽轮发电机组振动异常

1. 原因

1) 机组负荷、参数骤变。

2) 汽缸膨胀受阻，导致转子中心不正。

3) 润滑油压、油温变化或油中进水、油质乳化、油中含杂质使轴瓦钨金磨损。

4) 汽轮发电机组动、静部分摩擦。

5) 汽轮机发生水冲击。

6) 汽轮机叶片断裂。

7) 支持轴承及推力轴承工作失常，轴承地脚螺栓松动或轴瓦松动。

8) 发电机静子、转子电流不平衡或发电机磁力中心变化及转子线圈短路。

2. 处理

1) 当机组振动增大时，应注意各表计变化，迅速查明原因。

2) 当机组振动达0.125mm报警时应向值长汇报。

3) 降低机组负荷及其他相应的措施控制振动值上升。

4) 若是机组负荷、参数变化大引起机组振动，应尽快稳定负荷、参数，同时注意机组胀差、轴向位移及汽轮机上下缸温差的变化。

5) 检查润滑油温、油压及各轴承运行情况，并调整至正常。

6) 就地检查汽轮发电机组运行情况。

7) 汽轮机上、下缸温差应小于42℃，否则按有关规定处理。

8) 若振动是由电气原因引起应及时汇报领班、值长，要求降负荷。

9) 经采取措施，机组振动仍继续增大至0.25mm时，机组应紧急停机。

10) 机组因振动大而停机后，应先手动盘车，检查动静部分无摩擦后，方可投入连续盘车。

三、汽轮机轴向位移增大

1. 原因

1) 负荷或蒸汽流量突变。

2) 叶片严重结垢。

3) 叶片断裂。

4) 主、再热蒸汽温度和压力急剧下降。

5) 轴封磨损严重，漏汽量增加。

6) 发电机转子蹿动。

7）系统周波变化幅度大。

8）凝汽器真空度下降。

9）汽轮机发生水冲击。

10）推力轴承磨损或断油。

2. 处理

1）当轴向位移增大时，应严密监视推力轴承的进、出口油温，以及推力瓦金属温度、胀差及机组振动情况。

2）当轴向位移增大至报警值时，应报告值长，要求降低机组负荷。

3）若主、再热蒸汽参数异常，应恢复正常。

4）若系统周波变化大、发电机转子蹿动，应与中调联系，以便尽快恢复正常。

5）当轴向位移达-1.0mm或+1.0mm时保护动作机组应自动停机，否则手动打闸紧急停机。

6）轴向位移增大虽未达跳机值，但机组有明显的摩擦声及振动增加或轴承回油温度明显升高，应紧急停机。

7）因轴向位移增大而停机后，必须立即检查推力轴承金属温度及轴承进、回油温度，并手动盘车检查确认无卡涩，方可投入连续盘车，否则进行定期盘车。必须经检查推力轴承、汽轮机通流部分无损坏后方可重新启动。

四、凝汽器真空度下降

1. 现象

1）真空度低声光报警，备用真空泵联启。

2）CRT真空表显示凝汽器真空度下降。

3）CRT及就地表计显示汽轮机低压缸排汽温度升高。

4）负荷瞬时下降。

2. 原因

1）循环水系统故障。如循环水泵跳闸、凝汽器循环水进、出口阀误关及循环水母管破裂等。

2）汽轮机（包括小汽轮机）轴封供汽不正常。

3）真空泵故障。

4）凝汽器热水井水位过高。

5）真空系统泄漏。

6）凝汽器补水箱缺水。

7）凝汽器钛管污脏或循环水二次滤网堵塞。

3. 处理

1）当发现凝汽器真空下降时，应对照真空表和低压缸排汽温度，若真空度确已下降则应立即启动备用真空泵运行。分析真空度下降的原因，尽快处理并汇报主管、值长。

2）当发现循环水压力急剧下降时，检查循环水泵是否跳闸，并启动备用泵运行。

3）若真空度下降由汽轮机轴封系统工作不正常引起，则应检查辅汽联箱压力是否正常、轴封加热器疏水是否通畅，并将轴封压力调整至正常值。

4）若真空泵工作失常，则应检查其电流、汽水分离器水位及工作水温是否正常并进行调整。应启动备用真空泵运行。

5）若凝汽器水位过高应根据不同的原因调整水位至正常。

6）检查机组当时有无影响真空下降的操作，如有应立即停止，并恢复原状。

7）检查真空系统的管道、法兰有无泄漏现象，如有应设法隔离。

8）当排汽压力上升至 16.7kPa 时应启动备用真空泵运行，当排汽压力升至 28kPa 或低压排汽温度达 120℃时，负荷应减至零。当排汽压力升至 28kPa 或低压排气温度达 120℃无法恢复时，低真空保护应动作跳闸，否则应手动停机，但不破坏真空。

五、周波不正常

1. 周波不正常的现象

1）周波表指示上升或下降。

2）汽轮机转速升高或降低。

3）机组负荷发生变化。

4）机组声音发生变化。

2. 周波不正常的原因

电网系统故障。

3. 周波不正常的处理

1）周波变化运行限制值：

（1）周波在 48.5～51.5Hz 期间，允许长时间运行。

（2）周波在 47.5～48.5Hz 期间，允许运行 3min 停机。

（3）周波在 47～47.5Hz 期间，允许运行 1min 停机。

（4）周波低于 47Hz 或高于 51.5Hz 时，立即停机。

2）周波发生变化时，应注意监视机组的蒸汽参数、轴向位移、振动、轴承温度、润滑油压等控制指标不超限额，否则应做相应的处理。

3）周波下降时，应注意监视机组的监视段压力及主汽流量不得超过高限值。

4）当周波下降时，应加强监视辅机的运行情况，当辅机出现出力不足、电机过热等现象时，视需要可启动备用辅机。

5）在低周波运行时，当出现定子过电流或过励磁时，应按允许运行的最短时间控制机组运行。

六、润滑油系统异常

1. 油箱油位、润滑油压同时下降

1）原因

（1）主机油冷却器泄漏。

（2）密封油冷却器管破裂。

（3）油系统管道、阀门法兰、接头破裂、大量漏油。

（4）油系统事故放油阀、取样阀被误开。

（5）密封油调节不当，大量润滑油漏至发电机内，以致润滑油箱油位大幅下降。

2）处理

正常运行中，润滑油箱油位降至－200mm 至＋100mm。

当润滑油箱油位降至−300mm时，应紧急停机。

当润滑油压降至0.084Pa时报警，交流润滑油泵自启，当润滑油压降至0.065MPa时润滑油泵应自启，汽轮机低油压保护自动跳机，否则手动停机。当润滑油压降至0.034MPa时，应手动盘车。

2.油位不变、油压下降

1）原因

①润滑油减压阀工作失常。

②主油泵或射油器工作失常。

③油压表指示错误或油位计卡涩。

2）处理

①润滑油压下降时，处理方法同上。

②若油压表错误，则应联系仪控保养处理。

③若油位计卡涩，经检查后发现油位低，处理方法同上。

3.汽轮机交流润滑油泵故障处理

机组在启动过程中，汽轮机交流润滑油泵故障，应分明情况进行处理。

1）机组转速在临界转速及以下时，若汽轮机油泵故障应启动直流润滑油泵、顶轴油泵停机。

2）若汽轮机交流润滑油泵故障，机组已过临界转速，应立即启动直流润滑油泵，迅速将机组转速升至3000r/min暖机，待汽轮机油泵处理正常并启动后，机组方可继续启动。

3）机组在停机过程中且未解列时，应立即将机组负荷升至18MW，待处理正常后解列停机。

4）机组在停机过程中已解列打闸时，应启动直流润滑油泵、顶轴油泵停机。

七、抗燃油系统故障

1.现象

1）CRT抗燃油油压显示下降，立盘"EH油压低"报警。

2）立盘"EH油箱油位低"声光报警。油箱油位指示下降。

3）CRT抗燃油油温显示升高。

2.原因

1）运行抗燃油油泵故障。

2）抗燃油系统泄漏。

3）抗燃油系统泄载阀或过压阀故障。

4）抗燃油泵出口滤网差压大。

5）冷油器内漏。

6）抗燃油油箱油位过低。

3.处理

1）抗燃油油压降至11.2MPa时，备用泵应自动启动，否则手动启动。

2）运行泵若故障，开启备用泵，停运行泵并检修。

3）抗燃油油泵入口滤网差压大时，应倒泵清洗滤网。

4）就地检查泄载阀和过压阀定值是否正确。

5）检查抗燃油系统有无泄漏。

6）确认冷油器内漏时，应切换冷油器运行。

7）油箱油位低时，应补油至正常油位。

8）抗燃油油压降至9.3MPa时，机组自动脱扣，否则手动停机。

八、油系统着火

1. 原因

1）油系统泄漏至高温部件。

2）电缆着火或其他火情引起。

2. 处理

1）立即组织灭火，汇报并联系消防部门。

2）用灭火器进行灭火。

3）若火势不能很快扑灭且严重威胁机组安全，应立即停机。

4）需开事故放油门时放油速度应保证转子静止前润滑油不中断。

5）油系统着火时，禁止启动高压密封油泵，必要时应降低润滑油压，不得已时可停止油系统运行。

九、DEH异常

1. DEH异常的主要现象

1）CRT与DEH盘"DEH异常"报警。

2）如果在汽轮机启动过程中DEH异常，则DEH不能稳定地调节转速或定速后不能稳定控制汽轮机保持3000r/min，汽轮机转速会出现较大变动。

3）如在汽轮机并列带负荷运行，DEH异常将引起负荷摆动，主汽参数、主汽流量异常。

2. 处理原则

1）DEH自动调节异常，应切为手动。

2）监视负荷、主汽参数、转速变化，故障消除后重新投入自动方式。

第五节　发电机异常及事故处理

一、发电机异常的处理原则

1）设法保证厂用电，尤其事故保安电源的可靠性。

2）尽快限制事故的发展，消除事故的根源，解除对人身和设备的危害。

3）保证运行设备的可靠运行，如有备用，应尽快投入运行。

4）当派人出去检查设备和寻找故障点时，在未与检查人员取得联系之前，不允许对被检查的设备合闸送电。

5）事故处理中，应始终保持相互联系，服从领导。

6）事故处理中，应指定专人记录与事故有关的现象和各项操作的时间。

二、发电机运行参数异常

1）发电机可以降低功率因数运行，此时转子励磁电流不允许大于额定值，而且视在功率应减小，当功率因数增大时，发电机的视在功率不能大于其额定值。

2）在系统故障状态下，允许发电机短时过负荷运行，但此时氢气参数、定子绕组内冷水参数、定子电压均为额定值。

3）定子绕组能承受表 9-1 短时过电流运行，不产生有害变形及接头开焊等情况。这种运行工况，每年不得超过两次，时间间隔不少于 30min。

表 9-1　短时过电流要求

时间（s）	10	30	60	120
定子电流／额定定子电流（％）	217	150	127	116

4）转子绕组能承受表 9-2 短时过电压运行，每年不得超过两次，时间间隔不少于 30min。

表 9-2　短时过电压要求

时间（s）	10	36	60	120
励磁电压／额定励磁电压（％）	208	146	125	112

三、发电机异常运行

1）当定子绕组冷却水中断时，备用泵必须立即投入运行，如果备用泵在 5s 内不能投入运行，发电机解列灭磁。

2）在额定功率因数和额定氢气压力时，发电机最大连续输出有功功率为 654MW。

3）当发电机运行负载不平衡时，如果持续负序电流不超过额定电流的 8％，且每相电流不大于额定电流，允许发电机长期运行。

4）在额定功率因数下，电压偏离额定值±5％范围内，同时频率偏离额定值−3～＋2％范围内，发电机能连续输出额定功率。

5）当发电机冷氢温度为额定值时，其负荷应不高于额定值的 1.1 倍；当冷氢温度低于额定值时，不允许提高发电机出力；当发电机冷氢温度高于额定值时，每升高 1℃时，定子电流相应减小 2％，但冷氢温度超过 48℃不允许发电机运行。

四、发电机漏氢

1. 现象

发电机氢压下降速度增快，补氢次数明显增加，补氢量增大。

2. 处理

1）汇报值长，立即寻找漏氢点并设法阻止漏氢的发展，在中性点引线盒内和封闭母线壳内的氢气含量≥1％时，应送入二氧化碳气体，发电机减负荷停机，在不等其停止转动前就开始排氢。在密封油箱的含氢量≥1％时，应送入二氧化碳气体，并调整密封油压，如无效，发电机减负荷停机。

2）联系补氢，恢复正常氢压。

3）如氢压继续下降，补氢仍不能保持正常氢压，则应降发电机负荷，使各部温度保持正常，并请示总工程师停机。

五、发电机非同期并列

1. 现象

1）发电机各表计剧烈摆动。

2）发电机声音异常。

2. 处理

1）立即解列发电机，并对发电机进行全面检查，进行必要的电气试验。

2）查明非同期并列的原因，消除并确认无问题后，方可重新并列。

3）重新并列前必须使发电机零起升压，无问题后方可并列。

六、发电机变为同步电动机运行

1. 现象

1）发电机有功指示为负值。

2）无功表指示通常升高。

3）系统周波可能降低，定子电压、定子电流减小，转子电压、电流表指示正常。

4）"逆功率动作"信号发出。

2. 处理

1）若逆功率保护动作跳闸，则待查明原因，排除故障后，重新并网。

2）若逆功率保护未动作跳闸，则应在信号发出的3min内不能恢复时将发电机解列。

七、发变组保护动作跳闸

1. 现象

1）事故喇叭响，发变组220kV断路器跳闸、灭磁开关跳闸。

2）发电机各表计全部到零。

3）"保护动作"信号发出。

2. 处理

1）如220kV断路器跳闸，则应检查厂用电自投情况，保证厂用电正常运行。

2）检查保护动作情况判明跳闸原因。

3）若是外部故障引起220kV断路器跳闸，在隔离故障点后，无须检查，可将发电机重新并列；在20kV侧，则应进行全面检查，做必要的电气试验合格后，方可将发电机重新并列。

4）若是内部故障引起跳闸，则应进行如下检查：

（1）对发电机保护范围内的全部设备进行全面检查。

（2）检查发电机有无绝缘烧焦的气味或其他明显的故障现象。

（3）外部检查无问题，应测量发电机定、转子绝缘电阻是否合格及检查各点温度是否正常。

（4）经上述检查及测量无问题，发电机零起升压试验良好后，经总工程师批准将发电机并列。

八、发电机非全相运行

1. 现象

1) 当发变组出口断路器非全相运行时，发电机发出"负序"信号，有功负荷下降。

2) 若二相跳闸，发电机与系统失步。表计摆动，机组产生振动和噪声。

3) 若一相跳闸，则跳闸相电流表指示为零，其他两相电流表可能增大。

2. 处理

1) 在停机时发电机发生非全相运行时，应立即再合上发变组出口断路器。

2) 在开机或运行时发电机发生非全相运行时，当发电机非全相保护未动作时，应手动断开一次侧发变组出口断路器。若断不开，应降低有功无功负荷（有功为零，无功近于零），手动断开发电机出口断路器，若远方断不开，应就地手动打跳。

3) 若就地手动断不开，应由上一级断路器断开，使发电机退出运行。

4) 在发电机非全相运行时，禁止断开灭磁开关，以免发电机从系统吸收无功负荷，使负序电流增加，如果灭磁开关跳闸，在确认发电机非全相运行且励磁调节器整定于相应的空载额定电压时，可重新合上灭磁开关。

5) 如非全相保护动作跳闸，应迅速进行全面检查，判明故障性质，通知检修处理。

6) 若保护未动作或其他原因，非全相运行超过发电机负序电流允许水平，再次启动前，必须全面进行检查，无问题后，经总工程师批准后方可并列。

九、电机失磁

1. 现象

1) 转子电流表指示到零或在零点摆动，转子电压表指示到零或在零点摆动。

2) 无功表指示为负值。

3) 有功、定子电压表指示降低，定子电流表指示大幅度升高，并可能摆动。

4) 转子的转速超过额定值。

5) 失磁保护动作信号发出，失磁保护动作。

2. 处理

1) 若失磁保护动作跳闸，对励磁回路进行检查。

2) 若失磁保护拒动，应解列发电机。

十、振荡或失去同步

1. 现象

1) 功率表指示摆动。

2) 定子电流表指示剧烈摆动。

3) 发电机和母线各电压表指示剧烈摆动。

4) 励磁系统表计指示在正常值附近摆动。

5) 发电机发出异常声音，其节奏与表计摆动相同。

2. 处理

1) 检查发电机励磁系统，若因发电机失磁引起振荡，应立即将发电机解列。

2) 若因系统故障引起发电机振荡，应尽可能增加励磁电流，同时降低发电机有功负荷。

3）若采取措施后仍不能恢复同期，应请示调度解列发电机。

十一、电压回路断线

1. 现象

1）"发电机保护故障"信号发出，发电机保护装置发 PT 故障或零序电压报警。

2）电压表、功率表指示异常，电量计费装置失压报警。

3）PT 高压熔断器熔断，可能有接地信号出现。

2. 处理

1）记录时间，用作丢失电量计算的依据。

2）若高压熔断器熔断，应对 PT 进行检查，检查没问题后更换熔断器。

3）若二次开关跳闸，应合上二次开关。

十二、定冷水压力低

1. 现象

定子绕组进水压力低报警。定子绕组进出口差压高报警。

2. 处理

1）启动备用定冷水泵。

2）检查阀门开启是否正确。

3）检查过滤器、水冷器是否堵塞并及时处理。

4）检查定子绕组线圈温度。

十三、定子水箱水位异常

1. 现象

定子水箱水位高或低报警。

2. 处理

1）检查水位控制器是否正常，如不正常应改用人工补水。

2）对整个定子水系统进行检查，确认是否有泄漏。

3）若水冷器发生泄漏，应切换至备用水冷器运行。

十四、内冷水电导率高

1. 现象

内冷水电导率高报警。

2. 处理

1）若离子交换器出水电导率高，应先通过人工化验方法核实离子交换器出口水电导率是否在规定值以下，若不在规定值以下，应更换树脂；如电导率仪故障，应及时处理。

2）若离子交换器出水电导率正常而定子绕组进水电导率高，应检查流经离子交换器的水量是否过小，检查补水电导率是否合格。

3）定子绕组进水电导率高达 $9.5\mu S/cm$ 时，应迅速将发电机与电网解列，同时解除发电机励磁。

十五、发电机定子线棒或导水管漏水

1. 现象

1）定子线棒内冷水压升高。

2）氢气漏气量增大，补氢量增大，氢压降低。

3）内冷水箱压力升高。

2. 处理

1）从发电机排污门放出液体并化验，判断是否是内冷水泄漏。

2）检查内冷水箱压力升高是否由发电机定子线棒或导水管漏水引起。

3）若确认发电机定子线棒或导水管漏水属实，则应立即解列停机。

十六、发电机定子升不起压

1. 现象

1）发电机定子电压指示很低或为零。

2）转子电压表有指示，而电流表无指示。

3）转子电流表有指示，而电压表无指示或指示很低。

4）转子电流表无指示、电压表无指示。

2. 处理

1）检查变送器电源是否正常。

2）检查电压互感器是否正常，一次插头是否接触良好。

3）检查电压互感器二次开关是否合好。

4）检查转子回路是否开路，电流表计回路是否正常。

5）检查转子回路是否短路，电压表计回路是否正常。

6）检查励磁调节器是否正常。

7）根据当时有无报警、光字及表计测量等现象做综合判断。

十七、发电机氢系统爆炸、着火

1. 现象

1）氢气泄漏点发出轻微爆炸声，并有明火。

2）发电机内部有异常声音。

3）发电机内部各部温度异常。

4）发电机内部氢压波动较大。

2. 处理

1）停止向发电机补氢，用二氧化碳灭火。

2）若发电机内部爆炸，应立即解列发电机，并排氢向发电机内充入二氧化碳灭火，保持转子转速在 $300\sim500r/min$。

3）维持发电机密封油及冷却系统正常。

4）汇报总工程师。

第三篇

机组辅机运行

第十章 通 则

第一节 辅机运行通则

一、辅机启动前的准备

1) 在试运转及传动试验合格基础上，启动前应对下列系统设备进行检查：

(1) 相关系统管道、风道、挡板、阀门正常，具备投运条件。

(2) 远方和就地各监控、测量仪表齐全完好，指示正确。

2) 检查确认辅机润滑油位正常。

3) 需要注水的水泵应开启入口门和泵体放空气门，待有水连续流出后关闭放空气门。

4) 辅机的冷却水应通畅，冷却水压应满足要求。

5) 投入油系统加热时，必须保证油循环正常。

6) 新装或检修后的启动，盘动靠背轮应灵活并试验，确认各联锁良好。

7) 各离心式水泵、油泵在启动前应全部开启其入口门，关闭其出口门；不可带负荷启动，只有在启动后电流恢复至正常后才可逐渐开启其出口门，增加其负荷。

二、辅机的启动

1) 启动辅机应根据系统需求进行。

2) 系统无压力时，最好将系统充满水再启动水泵；否则应在泵开启后，稍开出口门，待系统压力正常后，再全开出口门。

3) 启动后应检查确认辅机出入口压力和电机电流正常、无摆动。

4) 将另一台辅机投入联锁备用时，辅机的出口门应在开启位（循环水泵等有特殊要求的辅机除外）。

三、辅机的运行维护

1) 监视确认电动机启动电流返回正常，运行电流不超限，电机温升正常。

2) 检查各轴承的润滑油温正常，轴承温度正常，回油温升应在规定范围内。

3) 各辅机轴承润滑油应符合制造厂规定和轴承运行温度及转速的要求，滑动轴承润滑油油位应正常，油质应正常。

4) 辅机设备启动后如发生跳闸，必须查明原因并消除后方可再次启动。

5) 各辅机电动机的连续启动次数应按"厂用电动机运行规程"的规定执行。

6) 保证各项控制参数在允许范围内，发现异常应及时调整和处理。

7) 检查辅机设备各部件振动符合表 10-1 的规定。

表 10-1　各部件振动要求

名称	单位	在各转速下轴承的振动允许值			
转速	r/min	3000	1500	1000	750 及以下
转机	mm	0.05	0.085	0.1	0.12

8）确认各联锁保护及自动控制均已投入正常。

9）检查确认各辅机设备所属系统无泄漏现象。

10）辅机设备运行时应按巡回检查制度的规定，对设备进行定期检查，发现异常应分析处理，发现缺陷应及时汇报、填单，联系消除。

11）根据设备定期切换和试验制度，对各辅助设备进行切换试验工作。

12）根据季节、气候的变化，做好防雷、防潮、防台风、防汛措施及做好相关事故预案。

四、辅机设备的停止

1）辅机停运前应与有关岗位联系，仔细考虑辅机停运对相关系统或设备的影响，采取相应安全措施。

2）辅机停运前，应退出备用辅机"自动"或解除自启"联锁"。

3）辅机停运后，转速应能降至零，无倒转现象。如有倒转现象，应关闭出口阀以消除倒转，严禁采用关闭进口阀的方法消除倒转。

4）检修的辅助设备的电动机应停电，做好安全隔离措施。

五、辅机启动及注意事项

1）辅机启动前应与有关岗位联系，并监视和检查启动后的运行情况。

2）辅机的启、停操作一般由主值或副值进行，试转时就地必须有人监视，启动后发现异常情况，应立即汇报并紧急停运。

3）启动主机、小汽轮机、密封油直流油泵前应确认直流系统母线电压正常后方可操作。

4）启动 6kV 辅机前应确认对应的 6kV 母线电压是否正常，启动时应监视 6kV 母线电压、辅机的启动电流及启动时间。

5）停运 6kV 辅机时注意保持各段母线负荷基本平衡。

6）6kV 辅机的再启动应符合电气规定，正常情况下允许在冷态启动两次，热态启动一次。

7）凡带有电加热装置的电机，启动前应先退出电加热装置。

8）容积泵不允许在出口阀关闭的情况下启动，离心泵可以在出口阀关闭的情况下启动，但启动后应迅速开启出口阀。

9）辅机启动正常后，有备用的辅机应及时投入"自动"或"联锁"位置。

10）辅机启动时，启动电流持续时间不得超过制造厂规定，否则应立即停运。

11）辅机在逆转情况下严禁启动。

12）大、小修或电机解线后的第一次试转，应先点动电动机，检查转向是否正确。

第二节　事故处理通则

1）发生事故时，机组长应在值长统一指挥下，带领本机组值班人员根据各自的职责迅速果断地处理事故。对值长的命令除直接危害人身、设备安全以外，均应坚决执行，并按以下原则沉着、冷静地进行处理：

（1）在事故处理时，首先应设法保证厂用电源的供电。

（2）根据故障现象迅速查清故障原因和范围。

（3）迅速解除对人身和设备的威胁。

（4）最大限度地缩小事故范围，确保非故障设备的正常运行。

（5）故障消除后尽快恢复机组正常运行，确保对外供电。只有在设备确已不具备运行条件或继续运行对人身、设备安全有直接危害时，方可停运机组。

（6）当发生规程未列举的事故时，运行人员应根据自己的经验，视具体情况做出正确判断，主动采取对策，迅速处理。

（7）事故处理完毕，运行人员应实事求是地把事故发生的时间、现象及所采取的措施，详细记录在值班记录中，下班后立即召集有关人员对事故原因、责任及以后应采取的措施认真讨论、分析。

（8）交、接班时发生事故，接班人员应协助交班人员进行事故处理，但必须服从当班机组长、值长的统一指挥。直至事故处理告一段落后，方可交、接班。

2）辅机发生下述任一情况时，应立即停用故障辅机：

（1）设备发生强烈振动。

（2）发生直接威胁人身及设备安全的紧急情况。

（3）设备内部有明显的金属摩擦声或撞击声。

（4）电动机着火或冒烟。

（5）电动机电流突然超限且不能恢复，设备伴有异声。

（6）轴承冒烟或温度急剧上升超过规定值。

（7）水淹电机。

（8）水泵发生严重汽蚀。

（9）轴承润滑油管、冷却水管破裂或泄漏严重无法维持运行时。

（10）运行参数超过保护定值而保护拒动。

3）辅机发生下列任一情况时，应先启动备用辅机，再停用故障辅机：

（1）离心泵汽化、不打水或风机出力不足。

（2）轴封冒烟或大量泄漏，经调整无效。

（3）轴承温度超过报警值并有继续上升趋势。

（4）冷却水或密封水系统故障。

（5）电机过电流。

4）紧急停辅机步骤：

（1）按故障辅机事故停止按钮（或 CRT、就地控制开关），故障辅机应停运，备用辅机应自投。若发现备用辅机未自投，应立即开启备用辅机，并检查确认其工作正常。

（2）故障辅机停运后，通知检修处理。

（3）当辅机发生了紧急停止条件以外的一般故障时，可根据需要先对其进行备用的倒换，再通知检修处理。

（4）当需要紧急停止辅机的运行，但因停止该辅机将可能造成机组停机时，可以先启动其备用设备，然后停止故障设备的运行（威胁人身安全时除外）。

5）辅机运行中故障跳闸时应做如下处理：

（1）运行辅机跳闸，备用辅机正常联启投入后，应将联动辅机和跳闸辅机的操作开关复位，并检查跳闸辅机的相关联锁动作情况，检查确认联动辅机的运转正常。

（2）运行辅机跳闸，备用辅机未联启时应立即启动备用辅机运行。

（3）运行辅机跳闸，备用辅机启动不成功或无备用辅机时，若查明跳闸辅机无明显故障，并危及机组安全运行，允许将跳闸辅机强启一次。强启成功后，再查明跳闸原因，强启失败时，不允许再启动。此时应确认该辅机停用后，对主机正常运行的影响程度，采取局部隔离及降负荷措施，无法维持主机运行时应故障停机。

第十一章　锅炉辅机部分

第一节　锅炉辅机运行

一、炉水循环泵运行

1. 启动前准备

1) 电机接线良好。

2) 电机外壳接地良好。

3) 电机侧绝缘合格，对地电阻大于 200MΩ。

4) 泵与电机连接螺栓紧好。

5) 泵出口电动门、调整门、最小流量再循环阀执行器电已经送上，开启、关闭试验良好。

6) 泵体注水系统完好，已经冲洗完毕。

7) 电机已经注满合格的凝结水，并利用入口空气阀进行排气。

8) 利用点动启动方式进行电机注水排气。

9) 利用点动启动方式判断电机正反转。

10) 高压冷却器高压水侧各阀门位置正确。

11) 高压冷却水滤网压差正常。

12) 泵体所有温度测点、压力、压差、流量变送器均已接好，一、二次阀位置正确。

13) 炉水循环泵冷却水泵运行正常，备用泵投入备用状态。

14) 炉水循环泵低压冷却水流量正常。

15) 泵与电机之间的隔热屏冷却水流量正常。

16) 炉水循环泵过冷水阀门应正常开启，出口放水阀应关闭。

2. 炉水循环泵启动前试验

1) 炉水循环泵启停试验。

2) 炉水循环泵联锁保护试验。

3) 炉水循环泵入口过冷水电动门联动试验。

4) 储水箱再循环电动门联动试验。

5) 炉水循环泵出口电动阀联动试验。

6) 炉水循环泵冷却水泵联锁。

3. 启动循环泵允许条件

1) 冷却水流量正常。

2) 炉水循环泵出口电动阀、调节阀处于关闭状态。

3) 最小流量再循环阀关闭。

4）储水箱水位正常。

5）炉水循环泵高压冷却器低压冷却水流量正常，冷却水温度≤55℃。

6）循环泵出口电动阀在自动。

7）炉水循环泵马达腔室温度≤55℃。

8）泵壳与入口炉水温差小于55℃。

9）锅炉负荷≤40%BMCR。

4. 炉水循环泵启动

1）确认电机腔室内已经注满合格的除盐水，首次启动可利用2～3次的点动排气法，每次启动的间隔时间应大于30s，将电机腔室内的空气排出，在DCS画面操作站上启动炉水循环泵。

2）启动后，泵电机电流按规定时间返回，电流正常。

3）泵出入口压差正常后，开启泵出口阀，如果开出口阀前泵出口压头较低（低于1.2MPa），泵可能反转，立即停泵运行，通知检修人员倒线。

4）电机腔室内水温升正常。

5）当机组负荷＞40%BMCR，炉水循环泵投入备用状态，负荷＜35%BMCR，并且任一燃烧器在运行，炉水循环泵自动启动。

5. 炉水循环泵运行及维护

1）正常运行时，炉水循环泵出入口压差应≥0.35MPa，当压差低于0.35MPa时，发出泵出入口压差低报警。

2）炉水循环泵运行平稳，无异常振动和噪声，电机电流≤56A。

3）冷却水流量正常，当低压冷却水流量中断或降到70%设计流量时，发出冷却水流量低报警。

4）当高压冷却水温度高（≥60℃）时，发出电机高压冷却水温度高报警。

5）当泵出口流量≤最小值，最小流量再循环未开，发出最小流量低报警。

6）高压冷却器的进口点的低压冷却水压力应为0.2～0.3MPa。

6. 炉水循环泵停止及备用

1）在CRT画面操作站上，停止炉水循环泵运行。

2）满足下列条件，炉水循环泵自动跳闸：

（1）炉水循环泵出口阀关闭。

（2）锅炉储水箱水位低，且最小流量再循环阀未开启。

（3）锅炉储水箱水位≤2300mm。

（4）炉水循环泵马达腔室水温≥65℃。

（5）电机过负荷保护或短路保护动作。

（6）事故按钮按下。

（7）锅炉负荷≥40%BMCR。

（8）循环泵启动后1min后，泵出口阀、最小流量再循环阀均未开。

二、空气预热器运行

1. 空气预热器启动前准备

1）空气预热器及其相关的检修工作已结束，工作票已收回，现场清理干净，临时设施已拆除；设备标志齐全、正确。

2）空气预热器主、副电机绝缘合格，并已送电。

3）变频器正常并已送电，就地控制箱电源正常，各指示灯显示正常无报警。

4）空气预热器事故按钮及主副电机联锁已经试验合格。

5）检查空气预热器驱动装置外观完整，驱动电机和变速箱地脚螺栓连接牢固，各驱动电机和减速机间对轮安全罩连接牢固，减速箱油位正常，油尺油迹在 1/3～2/3 之间。

6）导向轴承，推力轴承油位正常（1/3～2/3），各表计指示正确。

7）轴承冷却水已投入正常。

8）检查空气预热器各烟风道压力、温度测量探头安装正常，CRT 信号指示正确。

9）检查确认吹灰、水清洗装置、消防设备完好，确保吹灰蒸汽、消防水源供应正常。

10）检查确认空气预热器各清洗和消防阀关闭严密无内漏，外部管道、阀门不漏水。

11）检查确认吹灰器吹枪已完全收回、就位，系统正常。

12）火灾监控装置正常投入，转速测量装置正常，转子停转报警系统投入且信号正确。

13）检查确认就地事故按钮已复位。

14）空气预热器变频控制柜控制按钮位置正确，"高速/低速"选择按钮切至"低速"位，变频器内部设定参数正确，面板没有报警。

2. 空气预热器启动操作

1）空气预热器主、副电机送电完毕，就地检查无异常后，通过变频器启动主电机。

2）顺控选择低速启动空气预热器，检查转子转速平稳上升至 0.5r/min，就地检查空气预热器运行平稳，确定电机转向正确、声音正常、电流在正常范围内无大幅波动。

3）转子停转报警信号消失。

4）低速检查正常后在 DCS 上选择空气预热器高速运行。

5）全面检查空气预热器转子无刮卡、碰磨空气预热器。

6）确认空气预热器各联锁投入正常。

3. 空气预热器运行维护

1）监视空气预热器电流波动幅度不大于 0.5A，并注意监视烟气和空气进出口温度变化情况，发现异常，及时检查空气预热器的运行情况。

2）巡回检查中应注意检查预热器有无摩擦、碰撞等异常声音，检查空气预热器有无向外漏风、漏烟气。

3）轴承箱油质应透明，无乳化和杂质。

4）导向轴承及推力轴承油位正常，无漏油现象，油冷却器的冷却水通畅，轴承油温低于 70℃，轴承箱油位在 1/3～2/3 范围内，发现轴承箱油位不正常降低、升高应立即查找原因进行处理。

5）驱动装置、减速箱油位正常，油温正常，无漏油现象，驱动装置各部无异常振动。

6）就地检查确认变频器控制箱及火灾检测盘正常，无任何报警。

7）检查确认空气预热器各人孔、检查孔关闭严密，不向外漏风、冒灰和向内抽空气。

8）检查确认空气预热器运行中电机外壳温度不超过 80℃，空气预热器电机、油泵电机及相应的电缆无过热现象，现场无绝缘烧焦气味，发现异常应立即查找根源进行处理。

9）空气预热器运行，预热器一次风侧压差、二次风侧压差、烟气侧压差应在正常范围内。若压差异常升高，应及时进行增加吹灰次数。

4. 空气预热器报警定值

1）空气预热器导向轴承润滑油温度高：70℃。

2）空气预热器导向轴承润滑油温度高：85℃。

3）空气预热器推力轴承润滑油温度高：70℃。

4）空气预热器推力轴承润滑油温度高：85℃。

5）空气预热器过负荷：30.2A。

5. 空气预热器停运

1）机组停机降负荷前对两台空气预热器进行一次全面吹灰，停炉燃油期间保持吹灰器连续运行。

2）停炉后保持空气预热器继续运行，当送、引风机全部停止且空气预热器入口烟气温度降至≤100℃方可停止空气预热器运行。

3）解除主、副电动机联锁，停止空气预热器驱动电机。

4）空气预热器停止运行后要继续加强空气预热器进、出口烟风温度的监视，保持空气预热器火灾报警监测装置运行，不得退出运行。

5）正常运行中，空气预热器上、下轴承油温≥85℃时，应停止预热器运行。

6）在空气预热器主电机掉闸，副电机应自动投入，否则应手动合副电机，如果主、副电机均不能投运，应对跳闸空气预热器烟风系统进行隔绝并进行手动盘车，保持空气预热器转子转动，并立即通知检修抢修。

6. 空气预热器注意事项

1）对空气预热器电机进行绝缘检查时，在变频器下口拆线后对电机及电缆进行绝缘电阻测量。

2）锅炉点火前必须检查清洗水压力正常，消防水系统能随时投用。

3）机组燃油或长时间投油助燃空气预热器应保持连续吹灰。

4）空气预热器启动必须通过变频器由单台电机启动，严禁由电机直接启动或两台电机同时驱动转子。

◆回转式空气预热器常见的问题是什么？

答：回转式空气预热器常见的问题是漏风和低温腐蚀。

回转式空气预热器的漏风主要有密封（轴向、径向和环向密封）漏风和风壳漏风。

回转式空气预热器的低温腐蚀是由于烟气中的水蒸气与硫燃烧后生成的三氧化硫结合成硫酸蒸汽进入空气预热器时，与温度较低的受热面金属接触，并可能产生凝结而对金属壁面造成腐蚀。

◆影响空气预热器低温腐蚀的因素和对策分别是什么？

答：影响空气预热器低温腐蚀的因素主要有烟气中三氧化硫的形成、烟气露点、硫酸浓度和凝结酸量、受热面金属温度。

减轻和防止空气预热器低温腐蚀措施如下：提高空气预热器金属壁面温度；采用热管式空气预热器；使用耐腐蚀材料；采用低氧燃烧方式；采用降低露点或抑制腐蚀的添加剂；对燃料进行脱硫。

◆回转式空气预热器的密封部位有哪些？什么部位的漏风量最大？

答：在回转式空气预热器的径向、轴向、周向上设有密封。

径向漏风量最大。

◆空气预热器正常运行时主电动机过电流的原因是什么？如何处理？

答：原因：

1）电机两相运行。

2）电机过载或传动装置故障。

3）密封过紧或转子弯曲卡涩。

4）异物进入卡住空气预热器。

5）导向或支持轴承损坏。

处理：

1）检查空气预热器各部件，查明原因及时消除。

2）电机两相运行时应立即切换备用电机。

若主电动机跳闸，应检查辅助电动机是否自动启动，若自投不成功可手动强送一次，若不能启动或电流过大，电机过热，则应立即停止空气预热器运行，应人工盘动空气预热器，关闭空气预热器烟气进出口挡板，降低机组负荷至允许值，并注意另一侧排烟温度不应过高，否则继续减负荷并联系检修处理。

◆空气预热器着火如何处理？

答：立即投入空气预热器吹灰系统，关闭热风再循环门（或停止暖风机运行），经上述处理无效，排烟温度继续不正常升高时，应采取如下措施。

锅炉运行中不能隔离的空气预热器或两台空气预热器同时着火，可按如下方法处理：

紧急停炉，停止一次风机和引、送风机，关闭所有风门、挡板，将故障侧辅助电动机投入，开启所有的疏水门，投入水冲洗装置进行灭火，如冲洗水泵无法启动，立即启动消防水泵，用消防水至冲洗水系统进行灭火。

确认空气预热器内着火熄灭后，停止吹灰和灭火装置运行，关闭冲洗门，待余水放尽后关闭所有疏水门。

对转子及密封装置的损坏情况进行一次全面检查，如有损坏，不得再启动空气预热器，由检修处理正常后方可重新启动。

对锅炉运行中可以隔离的空气预热器可按如下方法处理：

立即停运着火侧送、引风机、一次风机运行，投油，减煤量，维持两台制粉系统运行，按单组引送风机及预热器带负荷。

确认着火侧空气预热器进口、出口烟气与空气侧各挡板关闭。

打开下部放水门，同时打开上部蒸汽消防阀进行灭火。

确认预热器金属温度降至正常。可打开人孔门进行检查，消除残余火源。

处理时，维持预热器运行，防止变形；维持参数稳定。

◆空气预热器的腐蚀与积灰是如何形成的？有何危害？

答：由于空气预热器处于锅炉内烟温最低区，特别是空气预热器的冷端，空气的温度最低，烟气温度也最低，受热面壁温最低，因而最易产生腐蚀和积灰。

　　当燃用含硫量较高的燃料时，生成 SO_2 和 SO_3 气体，与烟气中的水蒸气生成亚硫酸或硫酸蒸汽，在排烟温度低到使受热面壁温低于酸蒸汽露点时，硫酸蒸汽便凝结在受热面上，对金属壁面产生严重腐蚀，称为低温腐蚀。同时，空气预热器除正常积存部分灰分外，酸液体也会黏结烟气中的灰分，越积越多，易产生堵灰。因此，受热面的低温腐蚀和积灰是相互促进的。

　　回转式空气预热器受热面发生低温腐蚀时，不仅使传热元件的金属被锈蚀掉造成漏风增大，而且还因其表面粗糙不平和具有黏性产物使飞灰发生黏结。由于被腐蚀的表面覆盖着这些低温黏结灰及疏松的腐蚀产物而使通流截面减小，引起烟气及空气之间的传热恶化，导致排烟温度升高，空气预热不足及送、吸风机电耗增大。若腐蚀情况严重，则需停炉检修，更换受热面，这样不仅要增加检修的工作量，降低锅炉的可用率，还会增加金属和资金的消耗。

三、引风机运行

　　1. 引风机启动前准备

　　1）检查引风机、引风机电机、引风机轴承冷却风机及与引风机相连接的炉膛、空气预热器、电除尘和烟风道内部无检修工作票或检修工作结束。

　　2）引风机大修后正常投运前应经过试运转，并验收合格。

　　3）风烟系统各风门挡板经传动正常，动力电源已送。

　　4）引风机电机电流、定子铁芯及线圈温度、引风机及电机轴承温度、引风机及电机轴承振动、引风机入口静叶开度等指示、引风机出口风压、炉膛负压等表计已投入。

　　5）就地轴承温度、振动指示表计已送电，数值显示正确。

　　6）引风机电机接线完整，接线盒安装牢固，电机和电缆的接地线完整并接地良好，电机冷却风道畅通，无杂物堵塞。

　　7）引风机轴承冷却风机电机接线完整，电机接地线接地良好，冷却风机入口滤网无杂物，冷却风机固定支架和地脚安装牢固，靠背轮安全罩恢复。

　　8）风机外形完整，连接风道整齐无破损，出入口风门挡板、静叶调节位置指示正确，执行机构完整无缺，限位装置良好，电动机空气冷却器进出风口畅通。

　　9）控制回路、电气联锁、热工保护及自动装置试验合格。

　　10）电机润滑油站电源送至正常，就地的"远方/就地"切换开关在"远方"位置。

　　11）确认润滑油站系统已导通，相应的油、水阀门位置正确，各表计投入正常。

　　12）确认引风机电机润滑油站联锁试验已合格，启动润滑油泵，润滑油压应在 0.2～0.3MPa 范围内，润滑油回油量适当，油质合格，无乳化变质现象，油站冷却水通畅。电机轴承油位正常（1/2～2/3）。

　　13）启动引风机一台轴承冷却风机，检查确认其运行正常，入口滤网无堵塞，另一台投入联锁位。

　　2. 引风机启动

　　1）关闭风机静叶到零，出口挡板开启，入口挡板关闭，严禁风机带负荷启动。

　　2）满足风机启动逻辑条件，确认就地检查无问题，并且同侧空气预热器已投入运行，风道畅通。启动引风机，注意电流应在正常时间内恢复至空载电流。引风机入口挡板联开，否则应手动开启。

　　3）就地检查引风机运行正常。

4）启动同侧的送风机且运行正常后，启动另一台引风机。注意启动第二台引风机前，应确认风机未反转，否则要采取制动措施后方可启动。

5）调节引风机入口静叶，将其投自动并设定炉膛负压为 $-50\sim-100Pa$，根据锅炉风量需求，调节送风机动叶开度，满足炉膛最小吹扫风量并将其入口动叶投自动。

6）全面检查确认两台引风机运行正常。

3. 引风机运行维护

1）风机正常运行中，应无异声及不正常的摩擦和撞击声，各处无漏风、漏油、漏水现象。

2）润滑油箱油位不低于油位计 1/3，当油位低于 1/3 时，应及时补至正常。

3）正常运行时轴承润滑油压在 $0.2\sim0.3MPa$ 范围内，检查油系统滤网差压，当差压超过 $0.05MPa$ 时，应切换滤网运行，通知检修维护人员及时清理堵塞滤网。

4）油站冷却水通畅，润滑油温在 $30\sim40℃$，油质良好无乳化变质。

5）引风机轴承冷却风机运行应平稳，内部无碰磨，入口滤网无堵塞，冷却风管道不漏风，电机外壳温度不超过 80℃。

6）正常运行中，风机轴承温度应保持在 $60\sim70℃$，到 90℃ 时报警。电机轴承温度 $<70℃$，电机轴承温度 $\geq85℃$ 时报警。

7）风机轴承振幅值应 $<0.12mm$，当振动超过 0.16mm 时应停止风机运行。

8）电动机定子温升正常运行时不应超过 80℃，定子线圈极限温度不得超过 120℃，若发现运行中定子线圈温度达到 120℃，应先采用降风机负荷方法降线圈温度，无效后应申请停运该风机。

9）正常运行中，轴承温度、振动值超出以上正常规定值时，应及时进行调整，尽量降至正常范围内运行，否则应加强监视和检查，注意变化趋势，当超出紧急停机值时，应停止该风机运行。

10）运行调整时，应缓慢均匀且保证两台风机所带负荷尽量相同。

11）在正常运行中禁止进行油站"远方/就地"切换，如必须切换，应做好油泵跳闸后重新启动的准备。

12）定期检查引风机入口静叶调节挡板的开度，确保远方和就地开度指示一致。

13）注意检查风机的监测、保护装置是否正常投入。

4. 引风机启动前试验

1）引风机轴承冷却风机联锁试验。

2）引风机轴承温度高，轴承冷却风机联锁启动试验。

3）引风机跳闸保护试验。

4）引风机润滑油泵联锁试验。

5）引风机电机低油压联锁保护试验。

5. 引风机报警

1）引风机失速：500Pa。

2）引风机轴承温度高：$\geq90℃$。

3）引风机轴承温度高高：$\geq100℃$。

4）引风机电机轴承温度高：$\geq85℃$。

5）引风机轴承振动高一值：$\geq120\mu m$。

6）引风机轴承振动高二值：$\geq160\mu m$。

6. 引风机保护

1）电机润滑油压≤0.05MPa。

2）炉膛压力≤-4kPa（三选二），联跳引风机。

3）同侧送风机或空气预热器停联跳该侧引风机。

4）就地事故按钮动作。

5）电气保护。

7. 引风机冷却风机联锁

1）运行中，引风机轴承温度≥90℃时联锁启动另一台冷却风机。

2）运行冷却风机跳闸备用冷却风机联启。

8. 引风机油站联锁

1）一台电机油站润滑油油泵运行且出口油压低于0.1MPa联锁启动另一台电机油站润滑油油泵。

2）引风机运行，运行油泵跳闸，备用油泵自启。

3）就地位，运行油泵跳闸，备用油泵自启。

4）油箱油位低，禁投电加热。

5）油箱油温高于23℃时，加热器自动停止。

6）风机停止且转子停转10min后，可以停止润滑油泵。

9. 引风机停运

1）两台引风机并列运行，停止其中一台运行：

（1）解除单台引风机停止联停同侧送风机联锁，解除准备停止的引风机入口静叶自动。

（2）打开引风机入口联络门。

（3）逐渐关闭要停止的引风机入口静叶至零，检查确认另一台引风机入口静叶自动跟踪良好。

（4）停止该引风机，检查确认引风机入口挡板自动关闭。

（5）根据需要决定是否关闭该引风机出口挡板。

（6）引风机停止后30min，可停止轴承冷却风机运行。

2）最后一台引风机运行的正常停止：

（1）最后一台引风机只有在所有的送风机停止后才能停止。

（2）解除引风机入口静叶自动，逐渐关闭该引风机入口导叶。

（3）停止该引风机运行，检查确认引风机入口挡板自动关闭。

（4）引风机停止后30min，可停止轴承冷却风机运行。

3）引风机紧急停运：

（1）手动或保护动作停止引风机。

（2）确认引风机入口静叶自动关闭。

（3）确认引风机入口挡板延时自动关闭。

（4）若因该侧空气预热器联跳引风机，入口联络门应关闭。

四、送风机运行

1. 送风机启动前准备

1）送风机、送风机电机及与送风机相连接的炉膛、空气预热器、电除尘和烟风道内部无检修工作票或检修工作结束。

2）检查确认炉膛、烟道、空气预热器、电除尘器内无人工作，送风机入口滤网、烟风道内杂物清理干净，检查确认各检查门、人孔门关闭严密。

3）检查送风机电机电流、定子铁芯及线圈温度、送风机及电机轴承温度、送风机及电机轴承振动、送风机动叶开度指示、送风机出口风压、炉膛负压等表计投入。

4）送风机大修后正常投运前应经过试运转，并验收合格。

5）送风机动叶经全行程活动良好，烟风系统各风门挡板经传动正常。

6）检查确认送风机电机接线完整，接线盒安装牢固，电机和电缆的接地线完整并接地良好，电机冷却风道畅通，无杂物堵塞。

7）风机外形完整，连接风道整齐无破损，出口风门挡板、动叶调节位置指示正确，执行机构完整无缺，限位装置良好，电动机空气冷却器进出风口畅通。

8）检查确认送风机及电机地脚螺栓无松动，联轴器及安全罩联结牢固完好。

9）检查确认送风机及电机平台、围栏完整，周围杂物清理干净，照明充足。

10）引风机已启动或具备启动条件。

11）控制回路、电气联锁、热工保护及自动装置试验合格。

12）测量确认电动机绝缘合格并送电，送风机事故按钮外形完整，并已经试验合格。

13）检查确认液压油站电源送至正常，油泵就地联锁选择开关在"投入"位置，"远方/就地"切换开关在"远方"位置。

14）检查确认液压油箱油位大于1/2，油质合格，确认送风机液压油站联锁试验已合格。

15）启动液压油泵，供油压力应在1～7MPa范围内，滤网前后差压小于0.35MPa，油质合格，无乳化变质现象，油站冷却水通畅。

16）检查确认动叶调节装置完好，就地位置指示与远方一致。

17）确认送风机出口挡板及动叶在关闭位置。

2．送风机启动

1）关闭送风机动叶到零，严禁风机带负荷启动。

2）满足风机启动逻辑条件，确认就地检查无问题可以启动，启动后注意电流应在正常时间内恢复至空载电流。

3）就地检查送风机运行正常。

4）启动第二台送风机前，应确认风机未反转，否则要采取制动措施后方可启动。

5）根据锅炉的需要调整送风机动叶开度。

3．送风机运行维护

1）风机正常运行中，应无异声及不正常的摩擦和撞击声，各处无漏风、漏油、漏水现象。

2）检查确认控制油箱油位不低于油位计1/3，当油位低于1/3时，应及时进行补油。

3）正常运行时控制油压在1～7MPa。

4）检查油系统滤网差压，当差压超过0.35MPa时，应切换滤网运行，通知检修维护人员及时清理堵塞的滤网。

5）油站冷却水通畅，润滑油温在30～40℃，油质良好无乳化变质。

6）在正常运行中油泵联锁开关禁止进行油站"远方/就地"切换，必须切换时，应做好油泵跳闸后重新启动的准备。

7）正常运行中，风机轴承温度应保持在50～70℃，到85℃时应报警。电机轴承温度应<70℃，大于85℃时应报警。

8）风机轴承振幅值应＜0.031mm，当振动超过 0.08mm 时应停止风机运行。

9）电动机定子温升正常运行时不应超过 80℃，定子线圈极限温度不得超过 120℃，若发现运行中定子线圈温度达到 120℃，应先采用降风机负荷方法降线圈温度，无效后应申请停运该风机。

10）正常运行中，轴承温度、振动值超出以上正常规定值时，应及时进行调整，尽量降至正常范围内运行，否则应加强监视和检查，注意变化趋势，当超出紧急停机值时，应停止该风机运行。

11）运行中应尽量保证两台风机同步调节，使其负荷分配均匀。

12）送风机动叶调节就地指示与 CRT 画面一致。

13）注意检查风机的监测、保护装置是否正常投入。

4. 送风机启动前试验

1）送风机液压油泵联锁试验。

2）送风机跳闸保护试验。

5. 送风机报警

1）送风机失速：500Pa。

2）送风机轴承温度高：≥85℃。

3）送风机轴承温度高高：≥100℃。

4）送风机电机轴承温度高：≥85℃。

5）送风机轴承振动高一值：≥31μm。

6）送风机轴承振动高二值：≥80μm。

6. 送风机保护

1）动叶液压油压力≤0.7MPa。

2）炉膛压力≥4kPa（三选二），联跳送风机。

3）同侧引风机或空气预热器停联跳该侧送风机。

4）就地事故按钮动作。

5）电气保护。

7. 送风机液压油站联锁

1）动叶液压油压力低于 0.7MPa，备用油泵启动。

2）送风机运行，运行油泵跳闸，备用油泵自启。

3）就地位，运行油泵跳闸，备用油泵自启。（电气联锁）

4）油箱油位低，禁投电加热。

5）油箱油温高于 23℃时，加热器自动停止。

8. 送风机停运

1）两台送风机并列运行，停止其中一台运行：

（1）解除单台送风机停止联停同侧引风机联锁，解除准备停止的送风机动叶自动。

（2）打开送风机出口联络门。

（3）逐渐关闭要停止的送风机动叶至零，检查另一台送风机动叶自动跟踪良好。

（4）停止该送风机。

（5）检查确认送风机出口挡板自动关闭。

（6）注意其他运行风机的配合调整，保持炉膛负压在正常范围。

2）最后一台送风机运行的正常停止：

（1）解除送风机动叶自动，逐渐关闭该送风机动叶。

（2）停止该送风机运行。

（3）检查送风机出口挡板自动关闭。

3）送风机紧急停运：

（1）手动或保护动作停止送风机。

（2）确认送风机动叶自动关闭。

（3）确认送风机出口挡板自动关闭。

（4）若因该侧空气预热器联跳送风机，出口联络门应关闭。

五、一次风机运行

1. 一次风机启动前准备

1）一次风机、一次风机电机及与一次风机相连接的炉膛、空气预热器、制粉系统和烟风道内部无检修工作票或检修工作结束。

2）检查确认炉膛、烟道、空气预热器、电除尘器内无人工作，一次入口滤网、烟风道内杂物清理干净，检查各检查门、人孔门关闭严密。

3）检查确认一次风机电机电流、定子铁芯及线圈温度、一次风机及电机轴承温度、一次风机及电机轴承振动、一次风机动叶开度指示、一次风机出口风压、炉膛负压等表计投入。

4）一次风机大修后正常投运前应经过试运转，并验收合格。

5）一次风机动叶经全行程活动良好，烟风系统及制粉系统各风门挡板经传动正常。

6）引风机、送风机、密封风机已启动，MFT 已复位。

7）控制回路、电气联锁、热工保护及自动装置试验合格。

8）检查确认一次风机电机接线完整，接线盒安装牢固，电机和电缆的接地线完整并接地良好，电机冷却风道畅通，无杂物堵塞。

9）检查确认一次风机及电机地脚螺栓无松动，联轴器及安全罩联结牢固完好。

10）检查确认一次风机及电机平台、围栏完整，周围杂物清理干净，照明充足。

11）测量确认电动机绝缘合格并送电，风机事故按钮外形完整，并已经试验合格。

12）风机外形完整，连接风道整齐无破损，出口风门、动叶调节挡板位置指示正确，执行机构完整无缺，限位装置良好，电动机空气冷却器进出风口畅通。

13）检查确认电机润滑油站电源送至正常，油泵就地联锁选择开关在"投入"位置，"远方/就地"切换开关在"远方"位置。

14）检查确认电机润滑油箱油位大于 1/2，油质合格，确认送风机液压油站联锁试验已合格。

15）启动电机润滑油泵，润滑油压力应在 0.2～0.3MPa，滤网前后差压小于 0.05MPa，润滑油回油量适当，油质合格，无乳化变质现象，油站冷却水通畅。电机轴承油位正常（1/2～2/3）。

16）检查液压油箱油位高于 1/2，油质合格，确认一次风机液压油站联锁试验已合格。

17）启动液压油泵，供油压力应在 2.5～3.5MPa，润滑油压应在 0.4～0.6MPa，滤网前后差压小于 0.35MPa，润滑油流量大于 3L/min，润滑油回油量适当，油质合格，无乳化变质现象，油站冷却水通畅，风机轴承油位正常。

18）检查确认动叶液压调节装置完好，就地位置指示与远方一致。

19）就地确认风机出口挡板及动叶在关闭位置。

2. 一次风机启动

1) 确认具备启动一次风机条件。

2) 关闭一次风机动叶调节至最小，严禁风机带负荷启动。

3) 满足风机启动逻辑条件，确认就地检查无问题后可以启动，启动后注意电流应在正常时间内恢复至空载电流。

4) 启动第二台一次风机前，应确认风机未反转，否则要采取制动措施后方可启动。

5) 根据磨煤机风压、风量需求，动叶调节挡板开度满足磨出力要求，同时注意控制炉膛负压在正常范围内。

6) 全面检查确认两台一次风机运行正常，保证两台一次风机出力基本保持一致。

3. 一次风机运行维护

1) 运行中应尽量保证两台风机同步调节，使其负荷分配均匀。

2) 风机正常运行中，应无异声及不正常的摩擦和撞击声，各处无漏风、漏油、漏水现象。

3) 检查液压油箱油位不低于油位计 1/3，当油位低于 1/3 时，应及时进行补油。

4) 正常运行时控制油压应在 2.5～3.5MPa，轴承润滑油压在 0.4～0.6MPa。

5) 检查确认一次风机电机润滑油滤网差压超过 0.05MPa 时，应切换滤网运行，通知检修维护人员及时清理堵塞的滤网。

6) 检查确认一次风机液压油滤网差压超过 0.35MPa 时，应切换滤网运行，通知检修维护人员及时清理堵塞的滤网。

7) 油站冷却水通畅，润滑油温在 30～40℃，风机轴承箱油位在 1/2 左右，油质良好无乳化变质。

8) 正常运行中，风机轴承温度应＜70℃，80℃时报警，电机轴承温度应＜70℃，85℃时报警。

9) 一次风机运行中轴承振动在 6.3mm/s 以下，当振动超过 10mm/s 时应停止风机运行。

10) 电动机定子温升正常运行时不应超过 80℃，定子线圈极限温度不得超过 120℃，若发现运行中定子线圈温度达到 120℃，应先采用降风机负荷方法降线圈温度，无效后应申请停运该风机。

11) 正常运行中，风机及电动机轴承温度、振动值超出以上正常规定值时，应及时进行调整，尽量降至正常范围内运行，否则应加强监视和检查，注意变化趋势，当超出规定紧急停机值时，应停止该风机运行。

12) 在正常运行中油泵联锁开关禁止进行油站"远方/就地"切换，如必须切换，应做好油泵跳闸后重新启动的准备。

13) 注意检查风机的监测、保护装置是否正常投入。

4. 一次风机停运

1) 两台一次风机并列运行，其中一台一次风机正常停运：

(1) 根据实际情况合理安排运行几套制粉系统。

(2) 解除准备停一次风机动叶自动。

(3) 逐渐关小该风机动叶至零位，将风机降至空载运行状态，注意另一台风机自动是否跟踪正常，能维持一次风压。

(4) 点击风机停止按钮，并确认一次风机已停运。

(5) 关停运一次风机出口挡板。

(6) 一次风机停止后半小时，可停止液压油泵和电机润滑油泵运行，风机倒转除外。

2）最后一台一次风机正常停运：

（1）确认所有制粉系统已停止运行。

（2）解除一次风机动叶自动。

（3）逐渐关小该风机动叶，降风机至空载运行。

（4）点击风机停止按钮，并确认一次风机已停运。

（5）关停运一次风机出口挡板。

（6）一次风机停止后半小时，可停止液压油泵和电机润滑油泵运行。

3）一次风机紧急停运：

（1）手动或保护动作停止一次风机。

（2）确认一次风机动叶自动关闭。

（3）确认一次风机出口挡板自动关闭。

六、密封风机运行

1．密封风机启动前准备

1）检查确认密封风机及与其相连接风道内部无检修工作票或检修工作结束。

2）检查确认密封风机电机接线完整，电机外壳接地线接地良好；电机冷却风道畅通，无杂物堵塞；电机绝缘良好。

3）检查密封风机及电机地脚螺栓无松动，安全罩联结牢固。

4）检查密封风机及电机平台、围栏完整，周围杂物清理干净，照明充足。

5）密封风机大修后正常投运前应经过试运转，并验收合格。

6）控制回路、电气联锁、热工保护及自动装置试验合格。

7）测量确认电动机绝缘合格并送电，风机事故按钮外形完整，并已经试验合格。

8）风机外形完整，连接风道整齐无破损，入口风门位置指示正确，执行机构完整无缺，限位装置良好。

9）远方和就地各监控、测量仪表齐全完好，指示正确。

10）轴承箱油位在油窗中间位置附近，不低于油窗1/3，油质合格，无乳化变质。

2．密封风机启动

1）确认就地检查无问题，满足风机启动逻辑条件，点击启动按钮启动密封风机。

2）注意电流应在正常时间内恢复至空载电流。

3）风机启动后出入口挡板应联开，监盘人员注意监视确认密封风机电流和密封风压变化在正常范围内。

4）一次风机启动正常后，投入密封风机联锁。

5）正常运行中，当密封风压低或正在运行的密封风机跳闸时，备用密封风机应自动启动，投入运行。

3．密封风机运行维护

1）检查确认密封风机轴承箱油位不低于油位表的1/3，油质合格，无杂物，检查确认轴承箱各部温度低于70℃。

2）检查确认轴承部位的振动不大于0.05mm。

3）检查确认密封风机及电机运行中无异声，内部无碰磨、刮卡现象，密封风机及进出口风道严密无漏风，备用风机处于随时可以启动状态；检查确认密封风机进口滤网无堵塞，否则应通知检修处理。

4）密封风机风压应满足磨煤机密封风压的要求，当密封风机出口母管风压小于12kPa时，报警并联动备用密封风机。

4. 密封风机联锁

1）运行密封风机跳闸，备用密封风机联启。

2）密封风压低至12kPa，备用密封风机联启。

5. 密封风机保护

两台一次风机全停，密封风机跳闸。

6. 密封风机停运

1）解除备用密封风机联锁。

2）当全部磨煤机和一次风机停止运行后，可停止密封风机运行。

3）密封风机停运后应联动关闭其出入口挡板。

◆风机喘振有什么现象？

答：运行中风机发生喘振时，风量、风压周期性反复，并在较大的范围内变化，风机本身产生强烈的振动，发出巨大的噪声。

◆轴流式风机喘振有何危害？如何防止风机喘振？

当风机发生喘振时，风机的流量周期性反复，并在很大范围内变化，表现为零甚至出现负值。风机流量的这种正负剧烈的波动，将发生气流的猛烈撞击，使风机本身产生剧烈振动，同时风机工作的噪声加剧。特别是大容量的高压头风机产生喘振时的危害很大，可能导致设备和轴承的损坏、造成事故，直接影响锅炉的安全运行。

◆为防止风机喘振，可采用哪些措施？

答：1）保持风机在稳定区域工作。应选择 P-Q 特性曲线没有驼峰的风机；如果风机的性能曲线有驼峰，应使风机一直保持在稳定区工作。

2）采用再循环。使一部分排出的气体再被引回风机入口，不使风机流量过少而处于不稳定区工作。

3）加装放气阀。当输送流量少于或接近喘振的临界流量时，开启放气阀，放掉部分气体，降低管系压力，避免喘振。

4）采用适当调节方法，改变风机本身的流量。如采用改变转速、叶片的安装角等办法，避免风机的工作点落入喘振区。

5）当二台风机并联运行时，应尽量调节其出力平衡，防止偏差过大。

◆离心式水泵为什么要定期切换运行？

答：水泵长期不运行，会由于介质（如灰渣、泥浆）的沉淀、侵蚀等使泵件及管路、阀门生锈、腐蚀或被沉淀物及杂物所堵塞、卡住（特别是进口滤网）。

除灰系统的灰浆泵长期不运行时，最易发生灰浆沉淀堵塞的故障。

电动机长期不运行也易受潮，使绝缘性能降低。水泵经常切换运行可以使电机线圈保持干燥，设备保持良好的备用状态。

◆**轴流式风机有何特点？**

答：在同样流量下，轴流式风机体积可以大大缩小，因而占地面积也小。

轴流式风机叶轮上的叶片可以做成能够转动的，在调节风量时，借助转动机械将叶片的安装角改变一下，即可达到调节风量的目的。

◆**什么是离心式风机的工作点？**

答：由于风机在其连接的管路系统中输送流量时，所产生的全风压恰好等于该管路系统输送相同流量气体时所消耗的总压头。因此它们之间在能量供求关系上是处于平衡状态的，风机的工作点必然是管路特性曲线与风机的流量-风压特性曲线的交点，而不会是其他点。

◆**风机运行中发生哪些异常情况应加强监视？**

答：1）风机突然发生振动、窜轴或有摩擦声音，并有所增大时。

2）轴承温度升高，没有查明原因时。

3）轴瓦冷却水中断或水量过少时。

4）风机室内有异常声音，原因不明时。

5）电动机温度升高或有异声时。

6）并联或串联风机运行，其中一台停运，对运行风机应加强监视。

◆**离心式风机启动前应做哪些工作？**

答：风机在启动前，应做好以下主要工作：

1）关闭进风调节挡板。

2）检查轴承润滑油是否完好。

3）检查冷却水管的供水情况。

4）检查联轴器是否完好。

5）检查电气线路及仪表是否正确。

◆**离心式风机投入运行后应注意哪些问题？**

答：风机安装后试运转时，先将风机启动 1～2h，停机检查轴承及其他设备有无松动情况，待处理后运转 6～8h，风机大修后分部试运不少于 30min，如情况正常可交付使用。

风机启动后，应检查电机运转情况，发现有强烈噪声及剧烈振动时，应停车检查原因并予以消除。启动正常后，风机逐渐开大进风调节挡板。

运行中应注意轴承润滑、冷却情况及温度的高低。

不允许长时间超电流运行。

注意运行中的振动、噪声及敲击声音。

发生强烈振动和噪声，振幅超过允许值时，应立即停机检查。

◆**液力耦合器的工作原理是什么？**

答：当液耦工作腔室充满工作油后，泵轮在原动机带动下高速旋转，泵轮上的叶片将驱动工作油高速旋转，对高速油做功，使油获得能量（旋转动能）。高速旋转的工作油在惯性离心力的作用下，被甩向泵轮的外圆形成高速的油流，在出口处径向冲入蜗轮的进口径向流道，并沿着径向流道推动蜗轮旋转。在蜗轮出口处又以径向进入泵轮的进口径向流道，重新在泵轮中获得能量。泵轮不停运转，也就把原动机的力矩通过工作油和蜗轮不间断地传给水泵或风机。

七、制粉系统运行

1. 制粉系统启动前的检查和准备

1）给煤机、磨煤机及相关系统检修工作结束，工作票已注销，人孔门严密关闭，周围无人工作。

2）测磨、给煤机电机绝缘合格并送电，给煤机、磨煤机控制仪表确认已投入运行，并指示正确。

3）磨煤机及电机地脚螺钉无松动，联轴器连接完好，电机接地线完好。

4）磨煤机电机前后轴承温度测点及信号线正常。

5）检查确认磨煤机防爆蒸汽压力在 0.4～0.6MPa，温度在 150～180℃。磨煤机消防蒸汽手动门开启，电动门关闭。

6）磨煤机油站油箱油位正常（上油位计 1/2，最低不低于 1/3），油箱油温大于 15℃。

7）油站就地控制柜电源指示正常，油箱油温高于 15℃时应先投入电加热，使油箱油温升至 30℃时停加热装置。

8）油箱油温高于 15℃，启动油泵运行，检查确认供油压力在 0.15～0.35MPa，滤网差压小于 0.05MPa。

9）磨煤机电机及油站冷却水投入，冷却水量充足。

10）密封风机已投运，且密封风母管压力≥12kPa，密封风与一次风的压差值≥2kPa。

11）至少一台一次风机在运行，且一次风母管压力≥6.0kPa。

12）磨煤机及给煤机的密封风门已打开。

13）磨煤机石子煤落渣门打开，渣箱排渣门关闭。

14）检查确认给煤机已具备启动条件，控制切至远方。

15）给煤机出、入口门应在开启位置。

16）检查确认给煤机减速箱内润滑油液位高度不低于 1/3，给煤机照明完好，机体内部无积煤和杂物，给煤机就地控制盘各按钮指示正确。

17）给煤机皮带的张力合适，无破损或明显跑偏现象。

18）给煤机清扫链条、刮板正常。

19）给煤机断煤、堵煤信号正常。

2. 制粉系统启动条件

1）点火能量逻辑满足。

2）炉膛安全监察保护系统已正常投入。

3）二次风温度高于 150℃。

4）任一台一次风机运行，一次风母管压力高于 6kPa。

5）密封风机运行正常，给煤机、磨煤机密封风挡板开启，密封风压与一次风差压高于 2kPa。

6）给煤机入口及出口插板开启。

7）磨煤机入口热风、冷风关断门打开，磨煤机出口隔绝门打开。

8）磨煤机出口温度在 65～75℃。

9）润滑油泵运行，且润滑油压力≥0.15MPa。

10）磨煤机消防蒸汽电动门已关闭。

3. 制粉系统的手动启动

1）给煤机、磨煤机具备启动条件后，确认锅炉机组具备投入磨煤机运行的条件。其应当满足下列条件之一：

（1）在机组启动过程中，投首套制粉系统时本层燃油（或等离子点火投入）必须在运行且着火良好。

（2）有油枪及煤层在运行时，炉膛具有足够的热负荷。

（3）有三层以上煤层在断油运行时。

2）投入消防蒸汽 5～10min（根据燃煤挥发分决定是否需要投入）。

3）打开磨煤机出口门、密封风门电动门，确认建立正常密封风压。密封风压高于一次风压 2kPa 时可以启动磨煤机。

4）打开冷、热风隔绝门，调整冷、热风调节门开度，使通风量及出口温度平稳上升。

5）暖磨至出口温度达 65～75℃，启动磨煤机。

6）当磨通风量在 70t/h 以上且稳定后，即可启动给煤机，根据现场情况投入磨煤机风量及煤量自动。

4. 制粉系统顺控启动

1）确认某套制粉系统具备顺控启动条件。

2）启动制粉系统顺控启动功能组。

3）确认顺控功能组执行正常。

5. 制粉系统运行和维护

1）监视确认磨碗压差不大于 3kPa，磨通风量不多于 70t/h，磨出口温度在 70～85℃，最高温度不得超过 95℃。

2）密封装置严密，无漏风，磨密封风与一次风压差应高于 2kPa。

3）磨煤机运转，应无异常振动及声响，磨辊运转正常，磨本体及输粉管无漏风、漏粉、漏油的现象。

4）润滑油站油压正常，过滤器差压正常（＜0.05MPa）。润滑油温在正常范围内，即 35～50℃。

5）磨煤机轴承和电动机轴承温度正常，不高于 75℃极限值。

6）给煤机运行中本体无振动，内部无异常声音，通过观察窗检查确认皮带无跑偏，无严重划痕和撕裂；给煤机下煤均匀，皮带上无杂物堆积。

7）给煤机清扫链条刮板正常，皮带下无积煤。

8）给煤机就地控制箱给煤量和给煤总量显示正常，给煤机无报警。

9）每套制粉系统启动、停止后，均应进行一次石子煤排放，正常运行中，应视具体情况定期排放。

6. 制粉系统正常停运

1）接到停运制粉系统的命令后，逐渐将给煤率降至最小，停给煤机，关热风调整门，开大冷风调整门，降低磨煤机出口温度。

2）给煤机停运后，磨煤机继续运转 10min 且磨煤机出口温度降至 50℃时，停磨煤机。

3）关冷热风隔绝门和调整门。

4）通入消防蒸汽 10～15min，然后关消防蒸汽门。

5）待油温下降到 30℃时可停稀油站。如果磨煤机为备用状态，保持油站正常运行。

7. 联锁停运磨煤机的情况

1）程控停止磨煤机。

2）两台一次风机均停。

3）锅炉 MFT 保护动作。

4）磨煤机事故跳闸。

5）给煤机 A 停止，延时 180s 且一次触发 10s。

6）给煤机 A 运行且 4/5 无火延时 10s。

7）磨煤机出口门关闭。

8. 制粉系统紧急停运

1）当出现下列情况时保护停运磨煤机：

（1）锅炉 MFT 保护动作。

（2）磨煤机一次风量少于 40t/h。

（3）磨煤机出口温度＞110℃。

（4）润滑油供油压力≤0.07MPa。

（5）润滑油泵跳闸。

（6）磨煤机减速机轴承温度高（≥70℃）。

（7）磨煤机润滑油温度高（≥65℃）。

2）当出现下列情况时应手动紧急停运磨煤机：

（1）紧急停炉时。

（2）制粉系统发生爆炸时。

（3）危及人身安全时。

（4）制粉系统着火危及安全时。

（5）轴承温度上升很快，经采取措施仍无效，温度继续上升，超过限额时。

（6）发生严重振动，危及设备安全时。

（7）磨煤机电动机电流突然增加，超过限额。

（8）电气设备发生故障，需停止制粉系统时。

（9）应自动跳闸而拒绝动作时。

（10）手动紧急停磨时紧急关断磨煤机出口门，关闭一次风冷热风门，停止向炉膛送粉。送入消防蒸汽，防火、防爆。待磨煤机出口温度降到 60℃以下后，关闭消防蒸汽，按正常停磨要求进行其他操作。

◆ 煤粉细度是如何调节的？

答：煤粉细度可通过改变通风量、粗粉分离器挡板开度或转速来调节。

减小通风量，可使煤粉变细，反之，煤粉将变粗。当增大通风量时，应适当关小粗粉分离器折向挡板，以防煤粉过粗。同时，在调节风量时，要注意监视磨煤机出口温度。

开大粗粉分离器折向挡板开度或转速，或提高粗粉分离器出口套筒高度，可使煤粉变粗，反之则变细。但在进行上述调节的同时，必须注意对给煤量的调节。

◆磨煤机运行时，如原煤水分升高，应注意些什么？

答：原煤水分升高，会使煤的输送困难，磨煤机出力下降，出口气粉混合物温度降低。因此，要特别注意监视检查和及时调节，以维持制粉系统运行正常和锅炉燃烧稳定。主要应注意以下几方面：

经常检查磨煤机出、入口管壁温度变化情况。

经常检查给煤机落煤有无积煤、堵煤现象。

加强磨煤机出入口压差及温度的监视，以判断是否有断煤或堵煤的情况。

制粉系统停止后，应打开磨煤机进口检查孔，如发现管壁有积煤，应予铲除。

◆运行中煤粉仓为什么需要定期降粉？

答：运行中为保证给粉机正常工作，煤粉仓应保持一定的粉位，规程规定最低粉位不得低于粉仓高度的1/3。因为粉位太低时，给粉机有可能出现煤粉自流，或一次风机给粉机冲入煤粉仓中，影响给粉机的正常工作。

但煤粉仓长期处于高粉位情况下，有些部位的煤粉不流动，特别是贴壁或角隅处的煤粉，可能出现煤粉"搭桥"和结块，易引起煤粉自燃，影响正常下粉和安全。为防止上述现象发生，要求定期将煤粉仓粉位降低，以促使各部位的煤粉都能流动，将已"搭桥"结块之煤粉塌下。一般要求至少每半月降低粉位一次，粉位降至能保持给粉机正常工作所允许的最低粉位（3m左右）。

◆制粉系统漏风过程对锅炉有何危害？

答：制粉系统漏风，会减少进入磨煤机的热风量，恶化通风过程，从而使磨煤机出力下降，磨煤电耗增大。漏入系统的冷风，最后是要进入炉膛的，结果使炉内温度水平下降，辐射传热量降低，对流传热比例增大，同时还使燃烧的稳定性变差。由于冷风通过制粉系统进入炉内，在总风量不变的情况下，经过空气预热器的空气量将减少，结果使排烟温度升高，锅炉热效率将下降。

◆负压锅炉制粉系统哪些部分易出现漏风？

答：制粉系统易于出现漏风的部位：磨煤机入口和出口，旋风分离器至煤粉仓和螺旋输粉机的管段，给煤机、防爆门、检查孔等处，均应加强监视检查。

◆监视直吹式制粉系统中的排粉机电流值的意义是什么？

答：排粉机的电流值在一定程度上可反映磨煤机的出力情况。电流波动过大，表示磨煤机给煤量过多，此时应调整给煤量至电流指示稳定为止。排粉机电流明显下降，表示磨煤机堵煤，应减少给煤量或暂时停止给煤机，直到电流恢复正常后增大给煤量或启动给煤机；排粉机电流上升，表示磨煤机给煤不足，应增大给煤机给煤量。

◆配有直吹式制粉系统的锅炉如何调整燃料量？

配有直吹式制粉系统的锅炉，由于无中间储粉仓，它的出力大小将直接影响锅炉的蒸发量，故负荷有较大变动时，即需启动或停止一套制粉系统运行。在确定启停方案时，必须考虑燃烧工况的合理性及蒸汽参数的稳定。

增加负荷时应先增加引风量，再增加送风量，最后增加燃料量；降负荷时相反。若锅炉负荷变化不大，则可通过调节运行的制粉系统出力来解决。当锅炉负荷增加时，应先开启磨煤机的进口风量挡板，增加磨煤机的通风量，以利用磨煤机内的存粉作为增加负荷开始时的缓冲调节；然后增加给煤量，同时相应地开大二次风门。反之当锅炉负荷降低时，则减少磨煤机的给煤量和通风量及二次风量，必要时投油助燃。负荷变化较大时，通过启、停制粉系统的方式满足负荷要求。

◆煤粉为什么有爆炸的可能性？它的爆炸性与哪些因素有关？

答：煤粉很细，相对表面积很大，能吸附大量空气，随时都在进行氧化。氧化放热使煤粉温度升高，氧化加强，如果散热条件不良，煤粉温度升高到一定程度后，即可能自燃爆炸。

煤粉的爆炸性与许多因素有关，主要有以下几个：

1）挥发分含量。挥发分高，产生爆炸的可能性大，而对挥发分＜10％的无烟煤，一般可不考虑其爆炸性。

2）煤粉细度。煤粉越细，爆炸危险性越大，对烟煤，当煤粉粒径大于 $100\mu m$ 时，几乎不会发生爆炸。

3）气粉混合物浓度。危险浓度为 $1.2\sim2.0kg/m^3$，在运行中，从便于煤粉输送及点燃考虑，一般还较难避开引起爆炸的浓度范围。

4）煤粉沉积。制粉系统中的煤粉沉积，往往会因逐渐自燃而成为引爆的火源。

5）气粉混合物中的氧气浓度。浓度高，爆炸危险性大，在燃用挥发分高的褐煤时，往往引入一部分炉烟干燥剂，也是防止爆炸的措施之一。

6）气粉混合物流速。流速低，煤粉有可能沉积；流速过高，可能引起静电火花，所以气粉混合物流速过高、过低对防爆都不利，一般气粉混合物流速控制在 $16\sim30m/s$。

7）气粉混合物温度。温度高，爆炸危险性大，因此，运行中应根据挥发分高低，严格控制磨煤机出口温度。

8）煤粉水分。过于干燥的煤粉爆炸危险性大，煤粉水分要根据挥发分、煤粉储存与输送的可靠性及燃烧的经济性综合考虑确定。

◆如何防止制粉系统爆炸？

答：1）坚持执行定期降粉制度和停炉前煤粉仓空仓制度。

2）根据煤种控制磨煤机的出口温度，制粉系统停止运行后，要对输粉管道充分进行抽粉。有条件的，停用时宜对煤粉仓进行充氮或二氧化碳保护。

3）加强燃用煤种的煤质分析和配煤管理，燃用易自燃的煤种应及早通知运行人员，以便加强监视和巡查，发现异常及时处理。

4）粉仓应设置足够的粉仓温度测点和温度报警装置。当发现粉仓内温度异常升高或确认粉仓内有自燃现象时，应及时投入灭火系统，防止因自燃引起粉仓爆炸。

5）加强防爆门的检查和管理工作，防爆薄膜应有足够的防爆面积和规定的强度。防爆门动作后喷出的火焰和高温气体，要改变排放方向或采取其他隔离措施，以避免危及人身安全、损坏设备和烧损电缆。

6）粉仓绞龙的吸潮管应完好，管内通畅无阻，运行中粉仓要保持适当的负压。

7）杜绝外来火源。

八、火检冷却风系统运行

1. 投运前准备

1）检查确认火检冷却风机设备完整，安装或检修工作已全部结束，工作票收回。

2）检查确认火焰检测系统各个仪表投入正常。

3）火检冷却风机摇测绝缘合格，已送电。

4）就地控制柜上电源指示灯亮。两台风机控制开关在"远方"位置。

5）火检冷却风机进口滤网完好、清洁。

6）火检冷却风机出口三通挡板切至运行位置。

7）电机外观完整，接地线良好，风机电机地脚螺钉无松动，联轴器防护罩齐全良好。

8）保护、联锁及报警系统投入正常。

2. 火检冷却风机启动

1）远方启动一台火检冷却风机。

2）火检冷却风机启动后，风机电流正常，风母管压力高于 6.5kPa。

3）检查确认入口滤网差压低于 1.5kPa。

4）将另一台火检冷却风机投入备用。

3. 运行方式

1）炉上水前应启动一台火检冷却风机，并将另一台投入联锁。

2）锅炉熄火后保持火检冷却风机运行，当炉膛出口烟温探针指示烟温低于 50℃时，停止火检冷却风机。

4. 火检冷却风机联锁

1）当火检冷却风母管压力低于 5.6kPa 时，备用状态的火检冷却风机自动启动。

2）运行火检冷却风机跳闸，备用火检冷却风机联锁启动。

5. 正常运行维护

1）检查确认火检冷却风机电机运行声音正常。

2）入口滤网应保持清洁。入口滤网堵塞时，应切换至备用风机运行，并通知检修清扫滤网。

3）火检冷却风机母管风压正常、风机运行平稳，无异常响声。

4）火检冷却风系统无漏风。

九、等离子点火系统

1. 投运前的检查与准备

1）检查确认等离子点火装置在推进正常位置，外部连接水管、空气管道完整。

2）冷却水泵出入口门开启，冷却水系统放水门关闭。

3）检查确认各等离子火检冷却风门在开启状态。

4）检查确认冷却水泵具备启动条件。

5）检查确认等离子系统冷却风机具备启动条件。

6）启动一台冷却水泵，另一台做备用。检查确认系统无泄漏，压力正常。

7）启动一台冷却风机，另一台做备用。检查确认系统无漏风，风压正常。

8）检查确认 A 磨煤机一次风暖风器疏水箱排水门开启，疏水箱入口门开启。

9）微开 A 磨煤机一次风暖风器进汽门，暖管不少于 20min。

2. 等离子点火系统投运

1）启动一台一次风机。

2）A 磨煤机一次风暖风器暖管结束，并投入正常。（一次风温度≥140℃时，不投此暖风器）。

3）暖 A 磨煤机。

4）A 磨煤机入口一次风温度≥110℃，出口温度≥65℃时，切换 A 磨煤机为"等离子模式"。

5）依次对各等离子点火装置进行拉弧，并调整电流为 A。

6）调整 A 层燃烧器中心风挡板开度为 20%，调整 A 磨煤机入口一次风量为 60t/h，启动 A 磨煤机。

7）调整 A 磨煤机给煤量为 20t/h。

8）着火正常后，调整 A 层中心风挡板开度为 40%。

3. 等离子点火装置停运

1）按照正常停止磨煤机操作方法停止 A 磨煤机。

2）停止等离子点火装置拉弧。

4. 等离子点火装置运行维护

1）停炉后要停止冷却水泵运行，打开冷却水系统放水门将系统内的积水放尽。

2）检查确认冷却水及空气系统无泄漏。

3）检查确认冷却水压力、冷却风压力正常。

第二节　锅炉辅机事故处理

一、预热器故障跳闸

1. 现象

1）DCS 系统报警，光字牌报警。

2）运行电机跳闸，备用电机未联启。

3）掉闸空气预热器同侧的一次风机、引风机、送风机联掉。

4）RUNBACK 动作，负荷骤降，炉膛负压波动。

2. 原因

1）机械故障引起的电机过负荷，如密封件损坏、转子变形、卡涩、驱动装置故障等。

2）电气故障。

3）控制回路故障。

3. 处理

1）一台空气预热器跳闸，联跳同侧吸、送、一次风机，关闭跳闸的预热器出入口所有风烟挡板及烟、风联络挡板，锅炉 RB 动作。根据负荷及燃烧情况可投入部分稳燃油枪。

2）进行空气预热器转子手动盘车。

3）调整另一侧风机风量，控制燃烧氧量及炉膛负压。

4）若锅炉 RB 拒动，应立即投油助燃，切掉上层制粉系统，此时若锅炉已灭火或锅炉有灭火可能而运行人员判断不清时应立即手动 MFT。

5) 若未灭火按以下原则执行:

(1) 机组降负荷至 50% 以下,注意控制汽温、汽压。

(2) 增加运行侧一次风机负荷,维持一次风压在 6kPa 以上。

(3) 关闭掉闸侧吸、送风机出入口挡板。

6) 查明空气预热器掉闸原因,检查无问题后,恢复掉闸侧空气预热器及风机运行;启动风机时应注意控制炉膛负压。

7) 若因烟气挡板不严造成跳闸侧空气预热器后排烟温度快速升高,应采取措施(开启烟气侧人孔破坏负压使烟气停止流动、继续降低锅炉负荷等)。排烟温度超过 250℃ 或空气预热器盘车不动,应按紧急停炉处理。

二、磨煤机故障跳闸

1. 现象

1) DCS 系统发出报警。

2) 跳闸磨煤机电机电流指示到零,事故声光报警,炉膛负压增大。

3) 联掉相应给煤机。

4) 主蒸汽压力、温度下降。

2. 处理

1) 若一套制粉系统跳闸后,仍有四套或四套以上制粉系统在运行,应认真进行调整,加大运行磨煤机出力,确保燃烧稳定。

2) 加强对煤水比的控制,防止煤水比失调,造成汽温大幅波动。

3) 若一套制粉系统跳闸后,有三套以下制粉系统在运行,应立即投油助燃。

4) 若投油稳燃不成功,锅炉灭火或锅炉有灭火可能但不能准确判断时,应立即手动紧急停炉。

5) 尽快查明磨煤机跳闸原因,恢复该磨煤机运行或投入备用磨煤机运行。

6) 磨煤机跳闸后,给煤机应联掉,否则应立即手动停止给煤机运行,关闭该磨热风隔绝门、调整门、磨煤机出口门,开冷风 5%,注意监视磨煤机出口温度不超出 90℃。

7) 再次启动磨煤机时,必须进行 10min 以上的磨煤机吹扫;启动时应注意控制炉膛负压。

三、给煤机故障跳闸

1. 现象

1) DCS 系统发出报警。

2) 跳闸给煤机电流指示到零,给煤率显示零,事故喇叭发出报警。

3) 其他给煤机给煤量增加。

2. 处理

1) 若一台给煤机跳闸后,仍有四套或四套以上制粉系统在运行,应认真调整,确保燃烧稳定。

2) 加强对煤水比的控制,防止煤水比失调,造成汽温大幅波动。

3) 尽快查明原因,恢复该给煤机运行或投入备用制粉系统运行。

4）该给煤机跳闸后，有三套以下制粉系统在运行时，应立即投油助燃，若给煤机短期内不能快速恢复运行，应停止磨煤机运行，关闭给煤机密封风门。

5）若投油稳燃不成功，锅炉灭火或锅炉有灭火可能但不能准确判断时，应立即手动紧急停炉。

四、磨煤机断煤

1. 现象

1）磨煤机电流大幅度下降。

2）磨煤机投入自动控制时热风调节挡板关小，冷风调节挡板开大。

3）锅炉氧量下降。

4）磨煤机出口温度升高。

5）磨煤机出入口差压降低。

6）磨煤机入口一次风压降低。

2. 原因

1）给煤机堵煤。

2）原煤仓棚煤。

3）给煤机转速控制回路故障，使给煤量低于最小值。

4）给煤机故障。

5）输煤系统故障造成煤仓烧空。

3. 处理

1）立即增加其他磨煤机的出力稳定燃烧工况，必要时投油助燃，停止该磨运行。

2）就地检查给煤机运行情况，如给煤机堵煤、设备故障、原煤仓棚煤和空仓，应倒换备用制粉系统运行，并及时通知有关人员处理。

3）若控制回路故障，则应将给煤机切至手动控制方式，手动增加给煤机转速，无效时停止磨煤机运行。

4）处理过程中应尽量保持机组负荷、参数的稳定。故障消除后及时恢复机组负荷。

五、磨煤机堵煤

1. 现象

1）DCS 系统报警。

2）负荷、汽温、汽压下降。

3）磨煤机电流增大或先增大后降至空载。

4）磨煤机风量大幅降低与煤量明显失衡。

5）磨出口温度下降。

2. 处理

1）发现有堵煤迹象，应马上降给煤量至最低或停止给煤机并增加风量。

2）采取措施的同时应做好启备用磨煤机的准备，必要时倒用磨煤机。

3）停磨后通知点检处理。

六、磨煤机自燃

1. 现象

1）磨煤机出口温度迅速升高。

2）磨煤机中筒壁外部热辐射增大，油漆脱落。

2. 原因

1）磨煤机停止前吹扫不彻底，长期停运，磨煤机内部积煤自燃。

2）运行中磨煤机出口温度维持过高。

3）煤粉过细，挥发分过高，水分过低。

4）煤中含有易燃易爆物。

5）磨煤机排渣不及时排渣箱自燃。

6）有外来火源引起自燃。

3. 处理

1）对运行的磨煤机，发现磨煤机任何部位着火，不能停磨。

2）有着火迹象，迅速关闭热风挡板，全开冷风挡板，打开消防蒸汽阀，煤量维持不变或稍高，但不能超载。

3）磨出口温度降低后，关闭消防蒸汽阀，停给煤机及磨煤机。

4）停磨煤机电源，通知检修人员对磨煤机进行检查。

5）停运磨煤机后发现有着火迹象，应迅速关闭所有风门挡板，隔绝空气，通入消防蒸汽灭火。

七、风机振动大

1. 现象

1）风机振动 DCS 报警。

2）风机电流不正常升高或电流摆动剧烈。

3）就地风机声音异常。

4）风机轴承振动指示值超过正常值。

2. 原因

1）底脚螺栓松动或混凝土基础损坏。

2）轴承损坏、轴弯曲、转轴磨损。

3）联轴器松动或中心偏差大。

4）叶片损坏或叶片与外壳碰磨。

5）风道损坏。

6）风机喘振。

3. 处理

1）根据风机振动情况，加强对风机振动值、轴承温度、发动机电流、风量等参数的监视，振动超标时应立即解除其自动控制，以手动方式降低其负荷。

2）如风机振动原因为喘振，应立即手动将喘振风机的动叶或静叶快速关小，直到喘振消失为止，同时严密监视另一台风机的电流，必要时可根据运行风机的电流适当关小其动叶或静叶，以防止超电流；在调整风机的同时，要注意炉膛负压，当炉膛负压持续异常时，应适当降低机组负荷，待有关参数稳定后，将两台风机出力调平。

3）如果发生两台并列运行的风机抢风现象，应将两台风机出力控制解手动，逐渐开大电流较小的一台风机挡板，同时关小另一台风机的挡板，直至两台风机出力调平。在调整过程中要注意尽量保持母管风压稳定。

4）对风机进行全面检查，查出原因并进行消除，恢复其正常运行。

5）当风机振动超标调整无效时，应手动停止风机运行。

八、风机轴承温度高

1. 现象

1）DCS 辅机轴承温度高报警或回油温度异常报警。

2）辅机轴承温度显示不正常升高。

2. 原因

1）润滑油供油不正常，油泵故障或滤网堵塞（引风机轴承润滑油脂过少，没有及时加油）。

2）风机润滑油系统冷却水量调节阀失灵、冷却水量不足，使进油温度高。

3）润滑油油质恶化。

4）轴承损坏。

5）轴承振动大。

6）风机过负荷。

7）引风机轴承冷却风机故障，备用冷却风机不联启。

3. 处理

1）根据风机轴承温度情况，加强对轴承温度、发动机电流、风量等参数的监视。

2）视轴承温度上升情况，及时降低风机的负荷。

3）立即对风机轴承、油系统进行全面检查，查出原因并进行消除，恢复其正常运行。

4）对引风机应检查轴承冷却风机运行是否正常，必要时启动第二台轴承冷却风机。

5）由于振动大引起轴承温度高，应尽快查出原因，消除振动。

6）监视运行，同时通知有关人员处理，做好事故预案。

7）采取措施无效，超过极限值应马上停止风机运行。

九、引风机跳闸

1. 现象

1）DCS 上有"引风机 A（或 B）跳闸""RUNBACK"报警。

2）炉膛负压大幅度晃动。

3）负荷快速降低。

4）引风机 A（或 B）跳闸联掉同侧送风机。

2. 处理

1）确认锅炉负荷自动减至 50%，如果自动失灵或速率太慢，应及时切手动减至 50%。

2）确认引风机 B（或 A）开度自动增加，但要防止过电流。

3）确认炉膛负压控制在自动状态，否则调整后重投自动。

4）确认送风机 B（或 A）开度自动增加，风量、氧量正常。

5）在减负荷过程中，要防止煤水比失调，注意汽温、汽压的变化，及时调整减温水量，保持汽温的稳定。

6）因负荷剧降，要注意对除氧器水位、凝汽器水位、轴封压力的控制。

十、送风机跳闸

1. 现象

1）DCS 上有"送风机 A（或 B）跳闸""RUNBACK"报警。

2）炉膛负压大幅度晃动，炉膛氧量降低。

3）负荷快速降低。

4）送风机 A（或 B）跳闸联掉同侧引风机。

2. 处理

1）确认锅炉负荷自动减至 50％，如果自动失灵或速率太慢，应及时切手动减至 50％。

2）确认送风机 B（或 A）开度自动增加，风量、氧量正常。

3）确认引风机 B（或 A）开度自动增加，但要防止过电流。

4）确认炉膛负压控制在自动状态，否则调整后重投自动。

5）在减负荷过程中，要防止煤水比失调，注意汽温、汽压的变化，及时调整减温水量，保持汽温的稳定。

6）因负荷剧降，要注意对除氧器水位、凝汽器水位、轴封压力的控制。

十一、一次风机跳闸

1. 现象

1）DCS 上"一次风机 A（或 B）跳闸"报警。

2）"跳闸磨煤机"动作报警。

3）机组负荷剧降。

2. 处理

1）确认机组运行方式，将汽轮机控制切至 TF1 方式。

2）投入运行层油枪稳燃，保留一对磨煤机运行，立即手动跳闸其他磨煤机。

3）尽一切可能维持一次风压。确认跳闸一次风机出口挡板及动叶已关闭，立即关闭所有停运磨煤机冷热风挡板，关闭停运磨煤机密封风门。

4）确认炉膛负压、风量控制正常，如果强制手动应调整后重投自动。

5）在减负荷过程中，要防止煤水比失调，注意汽温、汽压的变化，及时调整减温水量，保持汽温的稳定。

6）因负荷剧降，要注意对除氧器水位、凝汽器水位、轴封压力的控制。

7）必要时启动电泵，将给水转移至电泵上。

8）因负荷可能较低，注意汽水分离器水位上升。

第十二章 汽轮机辅机部分

第一节 汽轮机辅机运行

一、循环水系统运行

1. 启动前准备

1) 按系统操作标准检查完毕系统，关闭循环水系统所有放水门。

2) 循环水泵及旋转滤网、冲洗水泵电机绝缘合格后送电，各辅助设备电机、电动门、液动门送电，传动试验正常。

3) 所有热控仪表投入，各联锁、保护试验正常，并按要求投入。

4) 检查确认投入循环水阴极保护投入正常。

5) 循环水前池进水平板闸门已吊出，前池水位正常，拦污栅正常投入；循环泵入口旋转滤网应清洁，来水无杂物。

6) 开启凝汽器循环水出水门、进水门，开启凝汽器循环水水室放空气门，关闭胶球清洗装置进出口门。

7) 循环泵电机上机架油室油位在 3/4，油质合格，油温不低于 15℃。

8) 冷却水系统启动，开启一台冷却水泵，检查循环泵冷却水母管压力大于或等于 0.38MPa。

9) 投入冷却水泵联锁。

10) 开启电机轴承冷油器和电机空冷器冷却水出入口门。

11) 启动前通知化学投入循环水加药系统。

12) 检查确认出口液控蝶阀控制油路手动门按要求启闭，油泵动力电源送电，蓄电池充电良好，就地 PLC 控制箱 DC24V 电源送电，控制切换开关置"就地"或"远方"，油箱油质合格，油位在油位计 2/3 处，油泵试验正常，油压高于或等于 14.5MPa。

2. 循环泵启动

1) 循环水系统充水启动工况可以在集控室 DCS 系统进行（也可在泵房内就地操作，由泵、阀切换选择开关控制）；电控间循环泵电机控制选择开关置"远方"位，液控蝶阀切换开关置"远方"位，DCS 循环泵液控蝶阀控制方式选"遥控"位。

2) 循环泵正常启动操作应在集控室 DCS 系统进行（也可在泵房内电控间就地操作，由切换选择开关控制），循环泵启动前应将凝汽器出入口电动门全开，管道及凝汽器海水侧放空气门全开，电控间循环泵电机控制选择开关置"远方"位，液控蝶阀切换开关置"远方"位，电控间"泵阀联锁"投入，DCS 循环泵液控蝶阀控制方式选"程控"位；在 CRT 按下启动，液控蝶阀开度至 15°时联动开启循环泵电机，同时液控蝶阀连续开启到全开位置；若蝶阀开启后 45s 未达到全开，循环泵应自动停运。

3）检查确认循环泵及电机运行参数正常，检查确认循环泵电机电加热器停止。

4）凝汽器循环水水室排空气管有水连续排出时，关闭水室放空气门（可以用凝汽器出口电动门调整）。

5）循环水系统工作正常后，将备用泵投入联锁或根据需要启动第二台泵。

3．正常运行维护

1）循环水系统正常运行时，应维持循环水母管压力在 0.2～0.26MPa。

2）循环泵出口压力为 0.23MPa，电流小于或等于 418.5A，电机定子绕组温度低于 125℃。

3）上机架油室油位在 1/2～3/4，冷却水压力在 0.1～0.3MPa，电机推力轴瓦及导向轴瓦温度低于 80℃，电机下轴承温度低于 95℃。

4）上机架、定子机座振动小于 0.08mm，泵组声音正常。

5）出口蝶阀油箱油位在油位计 2/3 处，蓄能器投入，油系统压力在 5.3～9.5MPa。

6）备用循环泵状态：电控间循环泵控制选择开关置"远方"位，备用泵液控蝶阀控制切换开关置"远方"位，电控间"泵阀联锁"投入，DCS 循环泵液控蝶阀控制方式选"程控"位。

4．旋转滤网控制

1）旋转滤网及冲洗水泵可在 DCS 自动和就地手动控制，正常运行旋网就地控制箱应选择高速位，DCS 控制时选择开关须在"远方"位。启动顺序：先启动冲洗水泵，联开出口蝶阀，然后启动旋转滤网。停运顺序相反。

2）投入自动时，当滤网前后水位差达 200mm 时，自动启动冲洗水泵，开启出口蝶阀，20s 后启动旋转滤网，一次冲洗时间为 15min（可调）。

3）在一次冲洗时间内，滤网前后水位差降到 50mm 以下时，自动停止旋转滤网、停止冲洗水泵；如果一个冲洗周期内水位差仍大于 50mm，则继续冲洗，同时向主控室报警，直到水位差降到 50mm 以下。

4）如果水质较好，超过 8h（可调），水位差仍未达 200mm，则旋转滤网和冲洗水泵自动运行 15min。

5）当水位差大于 500mm 时，应立即向主控室报警，并及时到达现场检查原因，处理问题。

5．循环泵倒换

1）循环泵倒换运行时，应先启动备运泵，正常后停运行泵。

2）确认出口蝶阀全关，将停运的循环泵投备用。

6．循环水系统停止

1）确认循环水系统各用户允许停运循环水系统。

2）确认低压缸排汽温度低于 50℃。

3）循环水系统停运时，应先解除备用泵的联锁，检查运行泵泵阀联锁投入，在 CRT 关闭液控蝶阀，蝶阀先从全开位置快关到 30°开度位置，此时联动停止该循环泵，同时蝶阀连续关到全关位置。

4）检查蝶阀关闭后，水泵转子不应倒转。

5）关闭冷却水门，检查确认电机电加热器投入。

7．循环泵事故处理

1）发生下列情况应紧急停泵：

（1）泵组发生剧烈振动或内部有清晰的金属摩擦声。

（2）电机冒烟或着火。

（3）电流突然增大，转速下降，声音异常。

（4）严重威胁人身安全及设备安全。

2）紧急停泵步骤：

（1）任意一台循泵因故障事故停泵时，DCS发出信号联关该泵的出口蝶阀门，同时备用泵应联锁启动。

（2）检查确认故障泵停止，出口蝶阀联动关闭，不倒转，否则采取手动措施关闭蝶阀。

3）发生下列情况应故障停泵：

（1）电流增大，定子线圈温度达130℃，调整冷却水后无效。

（2）电机推力瓦及上导轴瓦温度升至80℃。

（3）电机下轴承温度升至95℃。

（4）水泵轴端大量漏水无法消除。

（5）循环泵入口旋转滤网故障，堵塞严重，网后水位低引起吸入空气，造成电流摆动下降。

4）故障停泵步骤

启动备用泵，运行正常后停故障泵。出口蝶阀应全关，否则应立即手动关闭。

8. 凝汽器的半面运行

1）凝汽器水侧半面隔离：

（1）当凝汽器一侧冷却水管发生泄漏或进水二次滤网严重堵塞时，接到值长命令可进行水侧半面隔离。

（2）汽轮机负荷维持在360～420MW运行，并稳定运行10min以上。凝汽器停止运行时间应少于24h。

（3）保持一台循环泵运行，调整凝汽器运行侧出口门开度。

（4）关严停运侧入口水门，停电，注意真空度下降情况。

（5）关严停运侧出口水门，停电。

（6）打开停运水侧出口空气门，稍开出入口管道放水门，并注意排水坑水位。

（7）确认水侧放水完毕方可打开水侧人孔门，并注意真空变化。

（8）操作过程中若出现真空度大幅下降，应立即停止操作，恢复所做措施。若真空度不能恢复，应按真空度下降处理。

（9）通知检修人员进行水侧查漏或二次滤网清理。

2）凝汽器水侧半面隔离后恢复：

（1）关闭水侧出入口管道放水门，打开水侧顶部放空气门。

（2）水侧出口门先送电，待水侧出口门全开后，水侧入口门方可送电。

（3）全开水侧出口门。

（4）开启循环水泵，注意调整循环。

（5）开启水侧入口门，待水侧顶部放空气门排尽空气后关闭空气门。

（6）注意真空度开始恢复后，方可开始升负荷。

（7）凝结水的硬度应合格，否则须进行另一侧的半面隔离查漏；二次滤网清理后，其差压应小于0.015MPa。

二、闭式冷却水系统运行

1. 启动前的准备

1）按系统操作标准检查系统，各表计齐全，送上各电动门动力电源、气动门控制气源。

2）各联锁、保护传动合格后按规定投入。

3）确认闭式冷却水系统缓冲水箱底部放水阀及系统各放水阀关闭。

4）启动补水泵，打开启动注水门向缓冲水箱注水。

5）开启闭式冷却水泵入口门，稍开水泵出口门注水，待系统各空气门及泵体空气门连续见水后依次关闭。开启闭式冷却水热交换器闭式冷却水侧进、出口阀，闭式冷却水热交换器空气门连续见水后关闭。

6）将闭式冷却水缓冲水箱水位补至正常1.5m后，关闭启动注水门。

7）检查确认闭式冷却水泵本体润滑冷却系统正常。

2. 闭式冷却水泵启动

1）摇测确认闭式冷却水泵电机绝缘合格后送电。

2）启动闭式冷却水泵，检查确认出口门联开压力正常，电流小于68.2A。

3）电加热应自动退出，另一台泵具备启动条件后投入联锁备用。

4）当凝结水系统已投入运行后，打开缓冲水箱水位调节阀的前后隔离阀，维持水箱正常水位，并投入自动调节，否则用启动注水维持。

5）在循环水系统投运后，检查确认水交换器冷却水侧出入口阀全开。

6）当闭式冷却水温度过高时，应及时进行热交换器冲洗。

3. 正常运行维护

1）闭式冷却水温应保持在43.7℃以下，若出口水温高，则适当调整闭式冷却水出口门。

2）维持冷却水母管压力在0.2～0.4MPa。

3）闭式冷却水泵电流小于68.2A，轴承振动小于0.06mm，轴承温度低于80℃。

4）检查闭式冷却水缓冲水箱水位是否正常。

4. 闭式冷却水系统补水方式

1）凝结泵停运期间，由凝结水补充水泵或锅炉上水泵向闭式冷却水膨胀水箱补水。

2）凝结泵启动后，闭式冷却水补水可根据情况切换到凝结水供给，但应杜绝不合格的凝结水进入补给水系统。

5. 闭式冷却水泵及系统的停止

1）进行闭式冷却水泵倒换时，应先启动备用闭式冷却水泵，确认工作正常后，方可停用原运行泵，停泵前关闭出口电动门，停泵后检查泵是否倒转，正常后将停运泵投入联锁备用。

2）若停用闭式冷却水系统，确认系统无用户后方可停止闭式冷却水泵。

3）解除备用泵的联锁，停止运行泵，根据需要决定是否放水。

三、辅助蒸汽系统

1. 辅助蒸汽汽源及设计参数

1）本机的辅助蒸汽汽源有本机的再热冷段、本机四段抽汽、邻机供汽和启动炉。

2）辅助蒸汽联箱设计工作压力为0.48～1.18MPa，设计工作温度为350℃，辅助蒸汽联箱安全门动作整定值为 1.18MPa。

2. 辅助蒸汽的投入

1）按系统操作标准检查系统各阀门位置是否正确，各压力变送器、压力开关、压力控制器、温度表是否投入。

2）开辅助蒸汽联箱及供汽管道疏水门。

3）联系启动炉（或邻机）开辅助蒸汽供汽阀。

4）稍开供蒸汽联箱调整门进行暖管疏水工作。

5）检查确认联箱及管道无振动，逐渐开大进汽门直至压力达到额定值，关闭疏水门。

6）若联箱及管道发生振动，禁止开大进汽门，应继续暖管疏水工作。

3. 辅助蒸汽汽源的切换

1）当机组四抽压力大于或等于 0.7MPa 时，厂用汽联箱由四段抽汽供。

2）开四段抽汽到辅汽联箱管道疏水门进行暖管疏水工作。

3）缓慢开启四抽到辅汽联箱供汽电动门，检查确认联箱及管道无振动后，逐渐关小启动炉或邻机供汽门直至全关启动炉或邻机供汽门，其间注意保持辅汽压力应稳定。

4）再热冷段供厂用汽系统根据需要手动投入。

①开冷段供辅助蒸汽联箱管道疏水门进行暖管疏水工作。

②稍开冷段供辅助蒸汽联箱供汽门，检查联箱及管道无振动后，开大冷段供辅助蒸汽联箱供汽门，关闭疏水门。

③检查减压阀工作是否正常，辅助蒸汽联箱的压力、温度是否正常、稳定。

4. 辅助蒸汽系统运行监视与调整

1）辅助蒸汽系统无泄漏，各疏水阀动作正常，管道无振动。

2）机组辅助蒸汽联箱压力、温度正常，压力控制阀动作正常。

5. 辅助蒸汽系统停止

1）通知启动炉值班人员或邻机，确认无汽源用户。

2）关闭辅助蒸汽联箱各进汽隔绝门。

3）关闭各减温水隔绝门。

4）开启辅助蒸汽联箱疏水门。

四、凝结水系统

1. 凝结水系统投入前准备

1）确认补水系统、凝结水系统检修工作全部结束，所有电动门、气动门动力电源、控制电源、控制气源已送上，并传动合格。

2）按照系统操作标准准备系统，各表计齐全，表门打开；确认循环水系统、闭冷水系统已投运，所有电动机绝缘合格后送电，有关联锁、保护试验合格，并按要求投入。

3）化学除盐水系统正常，用除盐水向凝结水储水箱补水，水质合格后补至正常水位，补水门投自动。

4）检查确认凝结水精处理装置退出系统，其旁路门全开。

5）启动凝结水补水泵向凝结水系统充水放空气。

6）充水正常后进行系统冲洗，建议采用凝结水补水泵→凝结水系统（包括低压加热器、汽封冷却器水侧）→除氧器→凝汽器→地沟，也可以采用启动凝结泵或凝结水补水泵通过 5

号低压加热器出口排至无压放水的方法冲洗，即凝结水补水泵→凝汽器→凝结水系统（包括低压加热器、汽封冷却器水侧）→5号低压加热器出口排至无压放水，直到水质合格。

7）水质合格后，用凝汽器补水门向凝汽器补水至正常，投入补水自动。

8）检查确认凝结泵进口门开启、出口门关闭；开凝结水最小流量调节阀。

9）投入凝结水补水泵供凝结泵密封水，调整密封水压力正常；打开凝结泵空气门。

10）检查确认凝结泵电机上轴承油位在 1/2～2/3 处，投入凝结泵电机空气冷却器冷却水及轴承冷却水。

2. 凝结水系统投入

1）启动一台凝结水泵，出口电动门联开，检查确认运行参数正常，电机电加热器退出。

2）将凝结水泵密封水倒至凝结水泵出口母管供给，调节密封水压力在 0.3MPa。

3）若凝结水质仍不合格时，应按照系统准备中第二种方法继续进行冲洗，直至合格。

4）水质合格后，通知化学投运凝结水精处理装置，投入凝结水加药（氨、联氨）。

5）凝结水最小流量调节阀投入自动，根据需要，开启除氧器水位调节门向除氧器上水，注意确认凝结水泵电流、电机推力瓦温升及电机定子温升情况、凝结水流量、凝结水压力及凝汽器水位等正常，除氧器水位达到 2600mm 正常后，可投入除氧器水位自动调节。

6）当凝结水流量大于 400t/h 时，注意确认凝结水最小流量调节阀自动关闭。

7）凝结水母管压力升到 2.6MPa 以上，将另一台凝结泵投备用。

3. 运行控制参数（表 12-1）

表 12-1 运行控制参数

名称	单位	正常	报警	跳闸
高压凝汽器水位	mm	1580	1810 高报警 1350 低报警	—
低压凝汽器水位	mm	480	710 高 1 报警 250 低 1 报警	100
凝汽器端差	℃	≥2.8	—	—
凝结泵出口压力	MPa	3.35～4.4	—	—
凝结水系统母管压力	MPa	—	2.4 联启备用泵	—
凝结泵密封水压力	MPa	0.2～0.5	—	—
电机推力轴承温度	℃	≤60	70	80
电机下轴承油温	℃	≤60	70	80
电机轴承双振幅值	mm	≤0.04	—	—

4. 凝结泵的停用

1）备用泵切换，应先启动备用凝结泵正常后，凝结水压力达 3MPa 左右，方可停用原运行泵，注意凝结水压力应正常。

2）若需停用凝结水系统，解除备用泵联锁，停用凝结泵，通知化学退凝结水精处理装置，停凝结水加药（氨、联氨）。

3）凝结泵停用后，检查确认泵无倒转，电机电加热器自动投入。

4）机组正常运行时，隔绝凝结水泵，将其进/出口门、空气门均关闭。

5）确认系统不需要凝结水，可停用凝结水补水泵。

◆凝结水泵在运行中发生汽化的象征有哪些？应如何处理？

1）凝结水泵在运行中发生汽化的主要象征：在水泵入口处发出噪声，同时水泵入口的真空表、出口的压力表、流量表和电流表出现急剧晃动。

2）凝结水泵发生汽化时不宜再继续保持低水位运行，而应采用限制水泵出口阀的开度，或利用调整凝结水再循环门的开度，或向凝汽器内补充软化水的方法，来提高凝汽器的水位，以消除凝结水泵汽化。

◆两台凝结水泵运行时，低压加热器水位为什么会升高？

两台凝结水泵运行时，凝结水通过各加热器的流量增加，低压加热器热交换量增大，从而各低压加热器疏水量增加而水位升高；另外，两台凝结水泵运行时，凝结水母管压力升高，低压加热器疏水受阻，同样会使低压加热器水位升高。

◆表面式加热器的疏水方式有哪几种？发电厂中通常是如何选择的？

表面式加热器有疏水逐级自流和疏水泵两种方式。实际上采用的往往是两种方式的综合应用，即高压加热器的疏水采用逐级自流方式，最后流入除氧器；低压加热器的疏水一般也是逐级自流，但有时也将1号或2号低压加热器的疏水用疏水泵打入该级加热器出口的主凝结水管中，避免了疏水流入凝汽器中热损失。

◆什么是高压加热器的上、下端差？上端差过大、下端差过小有什么危害？

1）上端差是指高压加热器抽汽饱和温度与给水出水温度之差；下端差是指高压加热器疏水与高压加热器进水的温度之差。

2）上端差过大，为疏水调节装置异常，导致高压加热器水位高，或高压加热器泄漏，减小蒸汽和钢管的接触面积，影响热效率，严重时会造成汽轮机进水。

3）下端差过小，可能为抽汽量小，说明抽汽电动门及抽汽逆止门未全开；或疏水水位低，部分抽汽未凝结即进入下一级，排挤下一级抽汽，影响机组运行经济性，另外，部分抽汽直接进入下一级，导致疏水管道振动。

◆影响加热器正常运行的因素有哪些？

1）受热面结垢，严重时会造成加热器管子堵塞，使传热恶化。

2）汽侧漏入空气。

3）疏水器或疏水调整门工作失常。

4）内部结构不合理。

5）铜管或钢管泄漏。

6）加热器汽水分配不平衡。

7）抽汽逆止门开度不足或卡涩。

◆高压加热器为什么要设置水侧自动旁路保护装置？其作用是什么？

高压加热器运行时，由于水侧压力高于汽侧压力，当水侧管子破裂时，高压给水会迅速进入加热器的汽侧，甚至经抽汽管道流入汽轮机，发生水冲击事故。因此，高压加热器均配有自动旁路保护装置。其作用是当高压加热器钢管破裂时，及时切断进入加热器的给水，同时接通旁路，保证锅炉供水。

◆**加热器运行时要注意监视什么？**

1）进、出加热器的水温。

2）加热蒸汽的压力、温度及被加热水的流量。

3）加热器疏水水位的高度。

4）加热器的端差。

◆**加热器停运对机组安全、经济性有什么影响？**

加热器停运，会使给水温度降低，造成高压直流锅炉水冷壁超温，汽包炉过热，汽温升高，抽汽压力最低的那级低压加热器停运，还会使汽轮机末几级蒸汽流量增大，加剧叶片的侵蚀。还会影响机组的出力，若要维持机组出力不变，则汽轮机监视段压力升高，停用的抽汽口后的各级叶片、隔板的轴向推力增加，为了机组的安全，就必须降低或限制汽轮机功率。

五、加热器、除氧器的运行

1. 加热器投、停原则

1）先投水侧后投汽侧，先停汽侧后停水侧。

2）水侧：投入时先通主路后关旁路，切除时先通旁路后关主路。

3）汽侧：投入时由低到高逐级投入，切除时由高到低逐级切除。

4）高、低压加热器原则上采用随机滑启、滑停的方式。

5）不具备随机滑启、滑停的条件时，投入时，依压力由低到高逐台投入加热器；退出时，依压力由高到低逐台停止加热器。

6）投停过程中应严格控制加热器出口水温温升率，加热器投入时温升率不大于3℃/min，加热器停止时温降率不大于2℃/min。

2. 低压加热器投入前的准备工作

1）按系统操作标准准备完毕。

2）检查相关阀门动作灵活，各表计完好，各调整门的控制气源、控制电源应送上。

3）检查低压加热器汽侧、水侧所有放气、放水门；低压加热器汽侧启动排气阀；低压加热器连续排气阀；五抽和六抽各手动疏水阀；低压加热器正常疏水手动阀、事故疏水手动阀的阀门状态正确。

4）开启各压力表的一次表门，低压加热器的就地和远方水位计投入，水位高、低保护报警、动作经校验正常。

3. 低压加热器水侧的投入

1）低压加热器水侧正常应随凝结水系统一起投运。

2）稍开低压加热器进水门，注意低压加热器不应有水位出现，水侧排空气结束后关闭空气门。

3）低压加热器出入口门全开后，关闭低压加热器旁路门，注意凝结水流量无波动。

4. 低压加热器汽侧的投入

1）7号、8号低压加热器只有随机方式，5号、6号低压加热器汽侧正常应随机投运，汽轮机启动后，注意随着抽汽压力上升，出水温度相应升高。

2）非随机投运，应先进行抽汽管道疏水暖管，并按压力由低到高稍开低压加热器进汽门，注意控制低压加热器出口水温升率不大于 3℃/min。

3）启动排汽结束，缓慢开启低压加热器汽侧至凝汽器连续排气阀，注意真空度变化。

4）逐渐全开进汽阀，检查确认低压加热器水位正常，疏水端差小于或等于 6℃，检查低压加热器疏水调节阀动作正常，事故疏水调节阀应自动位关闭。

5. 低压加热器运行中的维护

1）注意低压加热器水位变化，防止高水位或无水位运行。若水位自动调节失灵，应切手动调节，并联系热工处理。

2）注意低压加热器进汽压力、温度和加热器出水温度、疏水温度等正常，与机组负荷相适应。

3）注意监视凝结水流量与主汽流量，发现增大时应查明原因。

4）检查确认低压加热器及其抽汽管道、疏水管道等无泄漏、无振动、无冲击现象。

5）负荷突变时，会引起低压加热器的水位变化，应加强监视调整。

6）经常监视和核对低压加热器的疏水端差，低压加热器的疏水端差应在 5℃ 左右，发现疏水端差增大，应分析原因，及时处理。

7）注意核对机组负荷与加热器疏水调整门开度的关系，若负荷一定而疏水调整门开度增大，低压加热器钢管可能有泄漏。

6. 低压加热器的停止

1）5 号、6 号低压加热器正常时应随机停运。

2）非随机停运或故障退出，应逐渐关闭停用低压加热器进汽电动门，低压加热器出水温度下降不大于 2℃/min，注意除氧器温升不应过负荷。

3）注意各疏水调整门运行正常。

4）关闭停用低压加热器正常疏水门及事故疏水门，同时关闭停用低压加热器空气门。

5）开启停用低压加热器水侧旁路门，关闭其出、入口门水门。

6）打开汽、水侧放水门消压放水时，注意机组真空度变化情况。

7）根据需要采取低压加热器防腐保护措施。

7. 高压加热器投入前的准备工作

1）按系统操作标准准备完毕。

2）检查确认相关阀门动作灵活，各表计完好，各调整门的控制气源、控制电源应送上。

3）检查确认高压加热器汽侧、水侧所有放气、放水门正确；启动排气阀；确认连续排气阀、高压加热器正常疏水手动阀、事故疏水手动阀、一抽至三抽的抽汽管道疏水阀的阀门状态正确。

4）抽汽逆止门、抽汽电动门等送电、传动应正常，安全阀按规定校验完毕，有关联锁、保护等校验正常，保护投入。

8. 高压加热器的投入

1）高压加热器水侧应随给水系统一起投入。

2）开高压加热器注水门，水侧放空气门见水后关闭空气门。

3）待高压加热器水侧压力与给水母管压力相等后，关闭高压加热器注水门，确认高压加热器管束无泄漏。

4）打开高压加热器出水门和高压加热器进水门，注意给水压力、流量无变化。

5）高压加热器汽侧正常时应随机投入。

6）投入高压加热器汽侧时应打开抽汽阀门及管道疏水门，进行暖管。

7）打开启动排气门，打开抽汽逆止阀，稍开进汽电动门暖高压加热器，启动排气门见汽后关闭，打开高压加热器至除氧器连续排空气门。

8）检查确认加热器及其抽汽管道、疏水管道等无泄漏、无振动、无冲击现象。

9）投入时按抽汽压力由低到高依次逐渐打开高压加热器进汽电动门，控制给水温度变化率为 $1\sim2℃/min$（或监视确认温度变化率小于或等于 $2℃/h$）。

10）待疏水水质合格后且三段抽汽压力高于除氧器压力后，可将高压加热器疏水切换到除氧器，同时高压加热器连续排空气门切换到除氧器。

11）高压加热器投入后，关闭抽汽阀门及管道疏水门。

12）当高压加热器水位正常后，按压力从高到低投入高压加热器疏水自动。

13）机组运行时，若加热器隔绝后汽侧重新投用，均要按高压加热器汽侧单独投用方式进行，并注意当高压加热器进汽温度与抽汽温度接近后，再逐渐手动操作开启高压加热器进汽电动门，注意高压加热器出水温度温升率控制在 $2℃/min$ 范围内。

9. 高压加热器运行中的维护

1）经常注意水位的变化，正常水位为 $±50mm$，绝不允许长期处于无水位或低于最低水位线（$-70mm$）下运行。

2）正常水位运行时，疏水端差应在 $5\sim6℃$，若疏水端差显著增大，则疏水冷却段可能部分进汽，应及时调整水位。

3）注意负荷与疏水调节阀开度关系，当负荷不变而调节阀开度增大时，表明管束可能出现泄漏。若加热器水位达到保护值，应检查确认保护动作正常，分析水位波动的原因，及时进行处理，并确认加热器钢管无泄漏。

4）高压加热器疏水调节门动作失灵时，应倒手动调整。

5）运行中只要任一高压加热器出现高三（$715mm$）水位，则高压加热器汽水侧全部解列，当高压加热器水位恢复正常、原因查清并处理后，重新投入高压加热器水侧，再逐台投用高压加热器汽侧，监视确认高压加热器水位调节正常。

6）机组运行中停高压加热器时，应根据监视段压力降低机组负荷，防止超压。

7）运行中给水的 pH 值不得小于 9，给水溶氧应不大于 $30\mu g/L$。

8）运行中应连续地将高压加热器内部不凝结气体直接排到除氧器。

9）当主汽门关闭后，抽汽逆止门、抽汽电动门应正常联关。

10）当抽汽管上、下壁温差大于或等于 $35℃$ 时，分析原因并开启该抽汽管上的疏水门。

10. 高压加热器的停用

1）机组减负荷过程中，应注意各加热器疏水水位变化，水位自动调节正常。

2）高压加热器汽侧正常时应随机停运，控制给水温度下降不大于 $2℃/min$。

3）当三段抽汽压力低于除氧器压力时，注意将加热器疏水倒至凝汽器。

4）高压加热器进汽门关闭后，关闭高压加热器抽汽逆止门。打开逆止门前后疏水门，关闭连续排气至除氧器手动阀。

5）高压加热器汽侧全部解列后，若需解列水侧，确认旁路门全开后，关闭高压加热器出水门。

6）关闭高压加热器出水门时，应注意给水流量无变化。

7）在打开放水门和排气门之前，应关闭所有高压加热器到凝汽器的事故疏水手动隔离门，防止漏真空。

8）加热器若长期停用，水侧需加联胺、汽侧需充氮气进行保养。

11. 高压加热器事故处理

1）紧急停用条件

（1）汽水管道破裂，直接威胁设备及人身安全。

（2）高压加热器水位高处理无效，且保护未动。

（3）水位计失灵，无法监视水位。

2）紧急停用操作

（1）立即关闭进汽门及抽汽逆止门，开启各抽汽管道疏水门。

（2）解列高压加热器水侧，给水走旁路。

（3）关闭疏水至除氧器门。

（4）打开高压加热器事故疏水电动门，使高压加热器水位保持在可监视范围内。

（5）当高压加热器因水位过高保护正常动作时，应查明原因。严禁在高压加热器发生泄漏时，强行投入高压加热器。

（6）当高压加热器汽、水侧同时解列时，应密切监视给水压力和流量，避免给水中断事故的发生。

（7）机组在高压加热器解列退出运行期间，应保证各监视段压力不超限，必要时应限负荷。

12. 除氧器启动前的准备工作

1）按系统操作标准准备完毕。

2）检查确认相关阀门动作灵活，各表计完好，各调整门的控制气源、控制电源应送上。

3）检查确认除氧器启动排气阀、连续排气阀、除氧器溢放水至凝汽器管路所有隔离阀、除氧器放水至锅炉启动疏水扩容器隔离阀的状态正确。

4）开启各压力表的一、二次表门，除氧器的就地和远方水位计投入，水位高低报警、保护动作值，经校验正常。

13. 除氧器的投入

1）联系热工进行水位报警、保护、联锁试验，确认动作正常后，维持正常水位。

2）化验除氧水箱水质，若不合格，应打开除氧器排水，连续换水，直至合格为止。

3）微开除氧器排氧门。启动除氧器循环泵，投入辅汽供除氧器调整门，维持除氧器压力在 0.2MPa，以 2～3℃/min 的温升率加热除氧水，关闭辅汽供除氧器系统疏水门。

4）除氧器水箱水温达到 50℃时，给水泵投入正暖，通知化学，投入加药，根据锅炉上水温度的要求，除氧器投加热。

5）除氧水 pH 在 8～9 时，可向锅炉上水。

6）除氧器水位调整门投入自动，维持正常水位。

7）机组四段抽汽压力大于或等于 0.7MPa 时，切为本机抽汽供除氧器，关闭厂用汽调整门，汽源切换联锁投入自动，此时除氧器进入滑压运行。

14. 除氧器的正常运行

1）除氧器水位控制值满足表 12-2 的要求。

表 12-2　除氧器水位控制值

名称	单位	数值	备注
高Ⅱ值水位		3200	关闭抽汽逆止门
高Ⅰ值水位		2800	报警、高水位放水
正常水位	mm	2600	联关溢流、放水门
低Ⅰ值水位		2400	报警
低Ⅱ值水位		1700（1200）	停止给水泵

2）应经常核对除氧器参数显示正确，监视确认除氧器的压力、温度、水位及进水流量等正常，运行工况与机组负荷相适应。

3）正常运行中，调整除氧器压力不得高于四段抽汽压力（主要考虑高压加热器疏水在自动失灵时）。

4）AVT 工况下除氧器出口溶氧应低于 7×10^{-9}，如果出口溶氧偏高，应检查加联胺是否正常，除氧器温度、抽汽压力是否正常，至凝汽器排气管道是否堵塞。查明原因后，应采取相应的措施。

5）CWT 工况下可通过调整连续排汽电动阀的开度来控制给水氧的含量，以满足 CWT 工况的要求。

6）正常运行中应加强与化学配合，溶氧控制在 $30 \sim 200 \mu g/L$，避免出现大幅度波动。

7）机组故障时，进汽中断，辅汽供除氧器调整门应自动投入，否则手动调整。

15. 除氧器的停止

1）减负荷过程中，当四抽压力低于 0.7MPa 时，除氧器切为厂用汽供汽，维持定压运行。

2）若锅炉短时停运，根据锅炉上水要求，投入除氧循环泵，维持水温及水位。

3）若长期停用，根据化学要求进行有关防腐保护。

◆**除氧器的作用是什么？**

除氧器的作用就是除去锅炉给水中的氧气及其他气体，保证给水品质，同时它本身又是回热系统中的一个混合式加热器，起到加热给水的作用。

◆**热力除氧的工作原理是什么？**

热力除氧的工作原理：液面上蒸汽的分压越高，空气分压越低，液体温度越接近饱和温度，则液体中溶解的空气量越少。所以在除氧器中尽量将水加热到饱和温度，并尽量增大液体的表面积（雾化、滴化、膜化）以加快汽化速度，使液面上蒸汽分压升高，空气分压降低，就可达到除氧效果。

◆**锅炉给水为什么要除氧？**

因为水与空气或某气体混合接触时，就会有一部分气体溶解到水中去，锅炉给水也溶有一定数量的气体，其中给水中溶解的气体中危害性最大的是氧气，它对热力设备造成氧化腐蚀，严重影响着电厂安全经济运行。此外，在热交换设备中存在的气体还会妨碍传热，降低传热效果，所以锅炉给水必须进行除氧。

◆除氧器发生"自生沸腾"现象有什么不良后果？

1）除氧器超压。除氧器发生"自生沸腾"时，除氧器内压力超过正常工作压力，严重时发生除氧器超压事故。

2）除氧效果恶化。原设计的除氧器内部汽、水逆向流动受到破坏，除氧塔底部形成蒸汽层，使分离出来的气体难以逸出，因而使除氧效果恶化。

◆用于测量除氧器差压水位计的汽侧取样管泄漏有何现象？

除氧器汽侧取样管泄漏，水位计蒸汽侧压力降低，水位计水位指示偏高。泄漏瞬间，CRT画面上除氧器水位上升，显示水位高于设定值，此时除氧器上水调整门开度减小（凝泵工频运行）或凝泵变频器指令下降（凝泵变频运行），凝泵电流下降，凝汽器水位上升，可能出现"凝汽器水位高"和"除氧器水位低"报警，除氧器水温可能略有上升。

◆除氧器的正常维护项目有哪些？

1）保持除氧器水位正常。

2）除氧器系统无漏水、漏汽、溢流现象，排气门开度适当，不振动。

3）确保除氧器压力、温度在规定范围内。

4）防止水位、压力大幅度波动影响除氧效果。

5）经常检查校对室内压力表，水位计与就地表计相一致。

6）有关保护投运正常。

◆热力除氧的基本条件是什么？

1）使气体的解析过程充分。

2）保证水和蒸汽有足够的接触时间和接触面积。

3）必须将水加热到相应压力下的饱和温度。

4）能顺利地排出解析出来的溶解气体。

六、轴封系统运行

1. 系统概述

轴封蒸汽系统用于对主汽轮机及小汽轮机转子的密封，对高压区防止高压蒸汽泄漏造成热损失和污染；对负压区防止空气漏入，影响真空。轴封蒸汽系统有三路汽源，一路来自辅助蒸汽系统；一路来自主蒸汽系统；一路来自冷段再热蒸汽系统，经减压后送至轴封蒸汽母管。主机轴封蒸汽分别经过高压、低压减温器进入高压转子和低压转子的轴端密封。小汽轮机轴封蒸汽经单独的减温器后进入轴端密封，压力自动调整。主、小汽轮机轴封回汽排至轴封冷却器，用于工质和热量回收。

2. 投运前准备

1）确认机组处于盘车状态。

2）确认循环水、凝结水系统运行正常。

3）轴封冷却器水侧投入，轴抽风机送电。

4）轴封供汽系统按系统操作标准检查完毕。

5）确认有关联锁、保护均校验正常。

6）确认机组的真空破坏电动门在全开位，机组未建立真空时禁止关闭。

7）调整维持辅汽压力 1.0MPa，温度 300℃。

8）检查确认各汽源站调整门自动调整灵活正确。

3. 轴封投运原则

1）机组热启动时应先送轴封后抽真空。

2）辅助汽源站在机组启动时向轴封系统供汽，正常运行中应通过疏水器保持热备用，以便在机组故障时尽快投入。

3）正常运行中再热冷段汽源站应处于热备用状态，以便在自密封不足情况下随时参与供汽。

4）机组任何状态启动，低压轴封蒸汽温度正常维持在 120～180℃，任何时候低压轴封温度不得低于 120℃。

5）当机组在启动和停机时，要尽量减小轴封和转子表面的温差。其温差不超过 110℃，最高不超过 150℃。

4. 系统投运

1）开启轴封系统各站疏水门及调整阀前后手动门。

2）略开辅助汽源站后电动门进行疏水暖管，不少于 30min，暖管结束后，全开电动门。

3）启动轴抽风机，调整轴封冷却器汽侧微负压 300～500Pa，投入联锁。

4）维持轴封母管压力在 0.007～0.025MPa，汽封供汽蒸汽过热温度不低于 14℃。

5）投入低压轴封减温水自动控制，维持低压轴封供汽温度 150℃。

6）当低压轴封供汽温度控制器前温度不低于 180℃时，注意确认低压减温器开始工作。

7）高压减温器控制高中压汽封供汽温度不低于转子金属表面温度 85℃（转子金属表面温度近似用高缸调节级处缸温代替）。

8）当机组热态启动时，如果辅助蒸汽温度不能满足高压轴封供汽需要，应由主汽给轴封供汽。

9）轴封送汽后应立即抽真空，待建立微真空后可关闭真空破坏门。

5. 运行中维护

1）当供汽站和溢流站调节阀故障时，切为旁路电动门控制。

2）当控制气源中断时，应立即调整溢流站旁路门泄压，同时关闭辅助站进汽电动门，维持正常压力。

3）轴封汽投用后，应注意主机上下缸温差、胀差等重要参数，检查各汽缸的任何汽封蒸汽不向外漏汽。如果有漏汽，可提高汽封冷却器真空度或调整各调节阀的给定值。

4）定期检查轴承回油是否带水，以便分析轴封汽压力设定是否偏高或轴封汽疏水是否通畅。

5）备用轴封供汽站稍开疏水门投入热备用，严禁管道及门前积水。

6）当轴抽风机切换运行时，注意全开运行风机入口门，关闭备用风机入口门。

7）当机组负荷达 100MW 时，高压汽封将进入自密封状态；当轴封联箱压力升高到 0.025MPa 时，辅助供汽阀自动关小，直至关闭，同时溢流阀打开并参与调整。

8）当机组负荷达 100MW 时，中压汽封将进入自密封状态，注意溢流阀开度的变化。

6. 轴封汽停用

1）汽轮机停机后，真空到"0"后，方可停止轴封供汽。

2）解除轴封风机联锁，停止轴封风机。

3）关闭主汽、冷段、辅汽轴封供汽电动门，调节门、旁路门；关闭高低压轴封蒸汽减温水截门、调节门、旁路门；关闭轴封联箱溢流阀、前后截门、旁路门。

4）检查确认轴封母管压力到"0"。

◆什么是凝汽器的极限真空？

当蒸汽在末级叶片中的膨胀达到极限时，所对应的真空称为极限真空，或称之为临界真空。

◆什么是凝汽器的最佳真空？

提高凝汽器真空，使汽轮机功率增加与循环水泵多耗功率的差数为最大时的真空值，称为凝汽器的最佳真空，即最经济真空。

七、真空系统运行

1. 系统投入前准备

1）按系统操作标准检查真空泵和真空系统，各表计应齐全。

2）确认循环水系统、凝结水系统、闭式冷却水系统、轴封系统投入正常。

3）真空泵及系统有关电源及控制气源送上。

4）开启低压凝汽器抽气母管隔离阀。

5）检查确认凝结水泵启动且运行正常，关闭泵体、汽水分离器放水门。

6）开启真空泵分离水箱补水门，开启真空泵泵体放空气门，待有水冒出后，关闭真空泵泵体放空气门，将分离水箱补水至正常水位。

7）确认真空泵热交换器已投入，真空泵气水分离器水位自动控制正常，关闭其旁路阀。

8）投入冷却器冷却水。

9）当真空泵启动建立微负压后，关闭高、低压凝汽器真空破坏门，开启真空破坏门密封水供水总门，注水至溢流管出水后，调整供水门开度，保持有少量溢流。

2. 真空泵投入

1）确认真空泵启动许可条件均满足，汽轮机轴封汽已投运。

2）启动一台真空泵，当真空泵入口压力与凝汽器真空差压达 3kPa 时，电动门自开。

3）检查真空泵的电流、振动、声音是否正常，机械密封有无泄漏。

4）检查真空泵气水分离器水位是否正常。

5）用同样方法启动另两台真空泵。

6）真空泵启动后，检查其启动电流和返回时间是否正常，电流应不超限。

7）根据情况停用一台真空泵作备用。

8）待汽轮机冲车后，将真空泵联锁投入。

9）启动真空系统可以用真空泵启动功能组投入。

3. 真空泵运行中的检查维护

1）泵组在运行中振动应不大于 4.5mm/s，若振动明显增大或有明显的不正常异声，应立即启动备用真空泵，停用原运行泵。

2）真空泵电流小于333A，真空泵电机轴承温度低于90℃，线圈温度低于135℃，真空泵工作液进口温度低于40℃。若温度超过限额，真空泵应自停，备用泵自启动，自动未停，立即手启备用真空泵，停原运行泵。

3）真空泵分离器水位正常水位在800mm左右，不低于770mm，不高于930mm。

4）真空泵机械密封不应大量漏水和过热。

5）真空泵齿轮箱油位正常，齿轮箱温度不过高。

4. 真空泵停止

1）备用真空泵切换时，应先手动启动，备用泵正常后，检查真空泵入口阀前压力低于3kPa，方可停用原运行泵。

2）机组运行中，停止运行真空泵，在停止电机的同时，气动蝶阀自动关闭，检查并确认真空泵进口气动阀关闭、凝汽器真空正常。若停运真空泵需要检修，应做好相应的隔离措施。

3）机组停机后根据需要停止真空系统运行，解除真空泵备用联锁，依次停用真空泵。

4）检查关闭真空泵入口电磁阀、凝汽器抽真空母管电动门、真空泵分离水箱补水门、冷却水门。

八、润滑油系统运行

1. 润滑油系统投入前准备

1）润滑油系统所有检修工作结束后，应将现场清理干净，附近无易燃物，系统管道、设备处于良好状态。

2）按照启动检查票系统检查完毕，确认主油箱事故放油门关闭并上锁。

3）所有仪表应齐全、完好，压力表、压力开关、液位计、变送器等一次门开启，联系热工将所有远传表计投入。

4）主油箱补油至高油位700mm，投入电加热提升油温。主油箱油温低于27℃时加热器自投，高于38℃时自停，油打循环合格。

5）油位高、低报警信号正常，主机润滑油冷油器三通转换阀投入一侧运行。

6）启动前需要确认有关联锁、保护校验、阀门校验工作均已完成。

7）各油泵、排烟风机电机绝缘合格后送电。

8）启动一台排烟风机（或随油泵启动联起），维持主油箱负压在100～200Pa；备用风机不倒转，其出口风门应关闭，并投入联锁备用。

2. 交直流油泵及高压密封油泵的启动与停止

1）启动交流润滑油泵，向高、低压润滑油系统充油，保持油箱油位＋466mm；电流、振动、声音正常；系统无泄漏，轴承回油正常，主油箱油位在正常范围。

2）油系统各卸荷阀、溢油阀整定完毕，泵出口油压为0.283MPa，润滑油压在0.096～0.123MPa。

3）直流润滑油泵带负荷试验合格。

4）启动氢密封油泵，电流正常，高压油管油压在1.7MPa。

5）联系热工做低油压试验，所有报警及联锁正常。

6）汽轮机盘车前，必须投入润滑油低油压保护。

7）润滑油温升至40℃时，冷油器投入冷却水，油温稳定后投自动，控制范围在40～45℃。

8）机组冲车定速后（或 2850r/min 以上），主油泵及射油器工作正常，检查润滑油压在 0.096～0.123MPa，（高压油管）主油泵出口油压在 1.67～1.76MPa，可以停高压密封油泵及交流润滑油泵，并投入联锁。

3. 润滑油系统保护联锁

1）润滑油压低到 0.084MPa 时，报"润滑油压不正常"。

2）润滑油压低到 0.084MPa 时，交流润滑油泵自启，同时启动密封油备用泵。

3）润滑油压低到 0.065MPa 时，直流事故泵自启，汽轮机跳闸。

4）润滑油压小于或等于 0.034MPa，且汽轮机转速在 200r/min 以下，禁投盘车、禁启动顶轴油泵。

5）主油箱油温低于 27℃时联锁启动电加热器，主油箱油温高于 38℃或主油箱油位低于 —200mm 时，联锁停止电加热器。

6）当油箱顶部压力高于 —50Pa 以上时，联锁启动备用排烟风机。

4. 运行维护

1）润滑油压在 0.096～0.123MPa。

2）主油泵出口油压在 2.21～2.63MPa。

3）主油泵入口油压在（0.098±0.02）MPa。

4）润滑油温在 40～45℃，各轴承的回油温度低于 65℃，回油量正常。

5）主油箱油位在 —200～466mm。

6）主油箱滤网前后油位差大于或等于 100mm 时，通知检修清理滤网。

7）每天检查活动油位计一次，并和控制室油位核对。

8）机组运行中，高位储油箱必须备有合格的润滑油，并将油位保持高限。

9）油净化器装置应连续运行。

10）当油箱油位出现不明原因升高或下降时，应立即查明原因，如果油位低时要及时补油。

11）机组正常运行时，交、直流润滑油泵和高压密封油泵应投入联锁位置。

12）停机后，盘车按正常条件停运后，维持油系统运行 10h，待高压内缸缸温低于 150℃，并且各轴承金属温度均在正常范围内，方可停止交流润滑油泵运行，停泵前应确认主油箱油位在 —100～100mm，防止停泵后造成油箱向外溢油。

5. 主机冷油器运行中的切换

1）开备用冷油器油侧放气阀，稍开注油阀，注意监视润滑油压力的变化，待冷油器油侧空气放尽后，关闭放气阀、注油阀。

2）关闭备用冷油器底部水侧放水阀，关闭冷油器出水门，开启冷油器水侧放气阀。

3）确认备用冷油器冷却水调节阀前后隔离门开启，其旁路门关闭。

4）微开冷油器进水门，向冷油器注水放气，当放气阀见水后关闭，开启冷油器出水门。

5）确认冷油器冷却水调节阀调节正常，调整备用冷油器油温与工作冷油器油温调一致。

6）松开冷油器切换阀闭锁手轮，缓慢扳动切换手柄，注意润滑油压不应下降，油温应正常，到位后拧紧冷油器切换阀闭锁阀。

7）全关原运行冷油器进、出水门，检查润滑油温调整门动作正常，油温在规定值之内。

8）冷油器切换过程中，应密切监视润滑油冷油器后油压、油温、推力轴承、支持轴承金属温度、回油温度及主油箱油位的变化。

9）若停运后的冷油器需停后检修，则打开冷油器底部放油阀及油侧放气阀，将冷油器中的油放尽。

10）关闭冷油器进出水阀，打开冷油器底部放水阀及水侧放气阀，将水放掉。

6. 油箱油位控制数值（表 12-3）

表 12-3　油箱油位控制数值

名称	单位	参数	备注
高二值		+700	高位报警
高一值		+466	高位报警
正常油位	mm	0	油箱中心线以上 250mm 为基准
低一值		−200	低位报警
低二值		−300	低位停机，并闭锁油箱电加热器

◆**汽轮机主油箱为什么要装设排油烟机？**

油箱装设排油烟机的作用是排除油箱中的气体和水蒸气。这样一方面使水蒸气不在油箱中凝结；另一方面使油箱中压力不高于大气压力，使轴承回油顺利地流入油箱。

反之，如果油箱密闭，那么大量气体和水蒸气聚集在油箱中产生正压，会影响轴承回油，同时易使油箱油中积水。

排油烟机还有排除有害气体使油质不易劣化的作用。

◆**机组运行中，冷油器检修后投入运行的注意事项是什么？**

1）检查确认冷油器检修工作完毕，工作票已收回，检修工作现场清洁无杂物。

2）检查关闭冷油器油侧放油门。

3）冷油器油侧进行注油放空气，防止油断流。注油时应缓慢防止油压下降。检查确认冷油器油侧空气放尽，关闭放空气门。冷油器油侧起压后由水侧检查是否泄漏。

4）对冷油器水侧进行放空气，见连续水流，投入水侧。防止水侧有空气，致使油温冷却效果差，油温上升。

5）开启冷油器进油门时应缓慢，防止油压下降过快，注意油压正常后投入冷油器油侧。

6）调节冷却水水门，保持油温与运行冷油器温差不高于 2℃。

◆**冷油器串联和并联运行有何优缺点？**

1）冷油器串联运行的优点：冷却效果好，油温冷却均匀。其缺点是油的压降大，如果冷油器漏油，油侧无法隔绝。

2）冷油器并联运行的优点：油压下降少，隔绝方便，可在运行中修理一组冷油器。其缺点是冷却效果差，油温冷却不均匀。

九、顶轴油及盘车系统运行

1. 顶轴装置及盘车保护联锁

1）顶轴泵入口压力低到 0.05MPa 时，发出报警信号。

2）顶轴泵入口压力低到 0.03MPa 时，顶轴油泵启动闭锁。

3）顶轴母管油压低于 10MPa，联锁启动备用泵。

4）润滑油压低于或等于 0.034MPa，联锁停止盘车。

5）当顶轴油压力高于或等于 20.6MPa 时，系统安全门动作。

6）启机时，当机组转速大于或等于 600r/min 时，通过电磁阀自动关闭盘车润滑油，同时停顶轴油泵。

7）停机时，当机组转速小于或等于 1200r/min 时，通过电磁阀自动开启盘车润滑油，同时启动顶轴油泵，转速至零，联锁启动盘车。

2. 顶轴油泵及盘车装置投入

1）汽轮机冲转前至少 4h 应投入连续盘车。

2）检查确认润滑油、密封油系统运行正常。

3）系统检查完毕，油路已全部导通，润滑油温控制在 30～35℃。

4）检查确认顶轴油泵及盘车装置满足启动条件。

5）启动一台顶轴油泵，电流、油压正常，各轴承顶起油压正常，投入备用泵联锁。

3. 盘车启动停止方式

1）在就地控制柜上将盘车控制开关切至"手动"位置。

2）就地打开盘车端盖，将盘车手柄推至"啮合"位置。

3）将就地控制柜上的"就地/运行"控制开关切到就地位置。

4）确认盘车啮合后，就地/运行控制开关切至"运行"位置。

5）在就地控制柜上启动盘车，按下"启动"按钮，确认"盘车投入"灯亮，转速为 3r/min。

6）投入汽轮机转子晃度表，记录盘车电流。

7）汽轮机停机后，待高压内缸内壁温度降至 120℃后方可停止连续盘车。

◆EH 油箱为什么不装设底部放水阀？

由于 EH 系统使用的是抗燃油，在工作温度下抗燃油的密度一般在 $1.11～1.17g/cm^3$，比水的密度大，因此，即使 EH 油箱中有水，也只能浮在油面上，无法在油箱具体位置安装放水阀。在运行中，应通过定期检查空气干燥剂的硅胶失效情况，进行及时更换；维持 EH 油温在允许范围内；保持抗燃油再生系统正常投运，并通过对酸值的化验分析，及时或定期对抗燃油再生装置的滤芯进行更换。

十、EH 油系统运行

1. EH 油系统投运前准备

1）汽轮机 EH 油系统检修工作全部结束，工作票终结，整理现场，系统管道、设备应处于良好状态。

2）按照启动检查票系统检查完毕。

3）测量各油泵电机绝缘合格后送电。

4）检查油箱油位正常，化验油质合格，各蓄能器充氮压力正常。

5）各项报警及保护的逻辑传动正常。

6）检查闭式冷却水系统运行正常，开启 EH 油冷却器进出口阀，冷却器水侧投运。

2.EH 油系统投入

1）开启 EH 油循环泵入口手动阀，EH 油循环泵注油。

2）启动一台 EH 油循环泵，检查确认 EH 油循环泵运行正常、系统无泄漏、油箱油位正常，否则补油。

3）EH 油再生装置注油排空，投入再生泵运行，检查确认差压正常。

4）EH 油冷却器注油排空，EH 油温在 49℃时泵联启，并联开启冷却水电磁阀，投运冷却器；EH 油温在 40℃时，并联关闭冷却水电磁阀，否则手动调整。同时注意监视油箱油位变化，防止 EH 油漏入闭式水系统。

5）开启 EH 油泵入口手动阀，EH 油泵注油，开启 EH 油泵再循环门。

6）启动一台 EH 油泵，检查确认泵运行正常，检查确认系统无泄漏。

7）慢关再循环门，检查确认 EH 油泵出口压力正常、蓄能器 EH 油压力正常、EH 油泵出口滤网差压不报警。

8）EH 油系统检查确认正常后，将另一台 EH 油泵投备用。

3. 运行维护

1）运行参数（表 12-4）

表 12-4　运行参数

名称	单位	数值	备注
系统压力	MPa	14±0.5	—
溢油阀卸载压力	MPa	17±0.2	—
抗燃油压高	MPa	16.2	报警
抗燃油压低	MPa	11.2	报警并启动备用泵
抗燃油压低	MPa	9.3	汽轮机停机
AST 油压低	MPa	≤0.5	停机（动作后压力）
油泵出口滤芯压差	MPa	0.24	报警
回油管路压力	MPa	0.24	报警
高压蓄能器充氮压力	MPa	8.6～10	—
低压蓄能器充氮压力	MPa	0.21±0.02	回油压力大于 0.24MPa，回油过滤器过载旁路动作
再生装置滤器压力	MPa	≤0.24	（滤器的油温在 43～54℃）调换滤芯
油箱油温	℃	55	报警
	℃	49	打开冷却水电磁阀
	℃	40	关闭冷却水电磁阀
	℃	21	启动电加热器，禁止启动 EH 油泵
	℃	49	停电加热器
油箱油位低	mm	230	停 EH 油泵
油箱油位低	mm	370	报警，禁投电加热
油箱油位高	mm	450	报警
正常油位	mm	540	—

2）检查确认油位正常，系统无泄漏、异常噪声和振动。

3）EH 油泵组振动小于 $50\mu m$、最大不大于 $75\mu m$。

4）EH 油系统过滤器前后压差低于 0.24MPa，高于此压差时发出报警，应及时更换滤芯。

5）各蓄能器投运且压力正常。

6）为保证 EH 油油质良好，EH 油再生系统应投入连续运行。

4. EH 油系统停运

1）设备倒换应待备用泵运行正常后，保持联锁投入状态停止运行泵。

2）机组停机后，解除 EH 油泵联锁，停止 EH 油泵。

3）解除 EH 油箱电加热装置自动，停止 EH 油再循环泵，解除 EH 油冷却器冷却水回水电磁水阀自动。

4）EH 油再生泵根据油质情况停止，当停机后 EH 油冷却时，油箱中会发生凝结水，当停机时间超过 1 周时，应投入 EH 油再生泵运行 4h。

◆ **密封油系统中压差阀的工作原理是什么？**

压差阀的活塞上面引入机内氢气（压力为 p_1），活塞下面引入被调节并输出的空侧密封油（压力为 p），活塞自重及其配重片质量（或调节弹簧）之和为 p_2（可调节），则使 $p = p_1 + p_2$（上下力平衡）。

当机内氢气压力 p_1 上升时，作用于活塞上面的总压力（$p_1 + p_2$）增大，使活塞向下移动，加大三角形工作油孔的开度，使空侧油量增加，则进入空侧密封瓦的油压随之增加，直到达到新的平衡；当机内氢气压力 p_1 下降时，作用于活塞上面的总压力（$p_1 + p_2$）减小，使活塞上移，减小三角形油孔的开度，使空侧油量减少，压力 p 随之减小，直到达到新的平衡。

十一、密封油系统运行

1. 系统概述

1）本系统为集装式，与发电机的双流环式轴封（密封瓦）装置相对应。空侧和氢侧两路密封油分别循环通过发电机密封瓦的空、氢侧环形油室，形成一个恒定的压力，该股油压高于机内的氢气压力，从而防止了氢气向外泄漏，对机内的氢气起到密封作用。本密封油控制系统采用双流环式结构，发电机内正常工作氢压为 0.4MPa，事故状态下可降低氢压运行，但是必须保证氢压不低于 0.2MPa。轴密封供油系统能自动维持氢油压差 0.084MPa，并为发电机密封瓦提供连续不断的压力油。

2）本密封油系统由空侧交流密封泵、空侧直流密封泵、氢侧交流密封泵、氢侧直流密封泵、氢侧回油箱、空侧回油箱及油位信号器、油水冷却器、压差阀、平衡阀、氢油分离箱、截止阀、逆止阀、蝶阀、压力表、温度计、变送器及连接管路等部件组成。

3）本密封油系统的空侧密封用油，正常工作油源由空侧密封交流泵提供，另外还有四路备用油源：第一备用油源（主备用油源）由汽轮机主轴油泵来；第二备用油源由大机主油箱上的高压密封油泵供给（与第一备用油泵油源接在同一管路中）；第三备用油源由密封油系统内自备的直流电动油泵提供；第四备用油源由汽轮机交流润滑油泵供给。

2. 密封油系统的准备

1）按系统操作标准检查准备完毕。

2）检查确认主机润滑油系统已投运。

3）检查确认差压阀、平衡阀及各表计正常投入。

4）密封油系统联锁保护试验合格并投入。

5）检查确认空侧回油箱排烟风机正常，投入联锁。

6）检查确认密封油箱油位正常。

7）开空、氢侧密封油泵出入口手动门。

8）检查确认密封油箱补油、排油装置正常。

9）检查确认备用油源处于隔离状态。

10）检查确认发电机液位检测报警装置投入。

3. 密封油系统启动

1）开启空侧密封油来油门，向密封油系统充油。

2）待空侧回油箱油位正常，开启空侧密封油泵再循环门。

3）启动空侧交流密封油泵，检查油泵运行正常，排烟风机联启，调整再循环门，维持油泵出口压力在 0.8MPa。

4）检查确认压差阀工作正常，维持空侧密封油压与发电机内气体差压在（0.084±0.01）MPa。

5）用空侧密封油系统向密封油箱补油，投入密封油箱补排油自动，油位保持正常。

6）检查氢侧密封油系统，确认冷油器、滤网充油完毕。

7）打开氢侧再循环门，开启氢侧交流密封油泵，检查确认油泵运行正常，调整再循环门使油泵出口压力为 0.8MPa。

8）检查平衡阀工作正常，维持空、氢侧密封油压差低于 0.5kPa。

9）检查空侧直流密封油泵、氢侧直流密封油泵及密封油备用泵处于备用状态，投入联锁，备用油源投入备用。

10）当空氢侧密封油温度升高到43℃时，投入空、氢侧冷油器水侧，维持油温在35～49℃。

11）随着发电机内气体压力的升高，注意氢侧密封油箱油位应正常，密封油箱补、排油浮球阀动作良好，平衡阀、压差阀工作正常。

4. 运行维护

1）监视参数（表12-5）

表12-5　监视参数

名称	单位	数值
密封油压与氢压的额定差压	MPa	0.084±0.01
油压与氢压的额定差压	MPa	＞0.056
空侧密封油总量（两侧）	L/min	220
氢侧密封油总量（两侧）	L/min	51
密封油进油温	℃	＜52（＞53 报警）
空侧密封油回油温度	℃	＜56
氢侧密封油回油温度	℃	＜64
冷却水进水温度	℃	≤38

续表

名称	单位	数值
冷却水量	t/h	120（空）/60（氢）
冷却水压	MPa	0.15～0.3
空侧油泵出口压力	MPa	0.25～0.8
氢侧油泵出口压力	MPa	0.25～0.8
油箱油位正常	mm	±60
油箱油位高报警	mm	＞+60
油箱油位低报警	mm	＜-60

2）机组在投入盘车前或主轴转动时，空、氢侧密封油系统必须投入运行，当发电机内充有气体（氢、氮）或打风压时，必须保持正常密封油压。

3）各泵组在运行中有明显的不正常异声、振动明显增大、电流超限时，应立即启动备用泵，停用故障泵。

4）各密封油泵轴承温度正常，应不大于80℃。

5）空、氢侧密封油冷油器通常运行一组，另一组作备用，调整空、氢侧油温应低于52℃。若油温升高，可投用备用组冷油器，并分析原因及时处理。

6）密封油箱油位正常，无报警，若油位异常应分析原因及时处理。

7）在发电机未充氢或低氢压下，密封油系统投入运行时，无法自动排油，使油箱油位高时，应就地操作氢侧油泵出口排油门进行排油。

8）平衡阀、压差阀跟踪正常，调整空侧密封油压始终比氢压高0.084～0.1MPa，空氢侧密封油压差低于0.5kPa。

9）空、氢侧刮板式过滤器压差正常，压差高于0.08MPa报警时，可转动手轮，打开底部排污阀，将脏物排出。无效时，应切换备用过滤器，通知检修处理。

10）发电机充氢后，空侧回油箱、汽轮机主油箱上的排烟风机应连续运行。

11）若氢侧密封油泵故障停用，空侧密封油泵运行正常，可维持汽轮发电机组运行。

12）当密封油只能由交流润滑油泵供给，此时油压为35～105kPa，必须降氢压到0.014MPa。

5. 密封油系统停止

1）空、氢侧密封油泵切换，应先手动启动备用泵，正常后停用原运行泵，密切注意密封油与氢气差压正常。

2）停机后，当发电机内氢气已置换成氮气且汽轮机盘车停运后，密封油系统方可退出运行。

3）置换气体期间，注意压差阀、平衡阀的动作情况，注意密封油箱油位合适。

4）置换结束后，缓慢将发电机内气压泄到零，当主机盘车停止后，退出油泵联锁，将备用油源退出备用。

5）将密封油箱油位排至低位，解除氢侧交、直流密封油泵联锁，停运氢侧交流密封油泵。

6）关闭高、低压备用密封油来油门，解除空侧交、直流密封油泵联锁，停运空侧交流密封油泵，解除空侧密封油排烟风机联锁，停止空侧密封油排烟风机。

6. 密封油系统报警信号（表 12-6）

表 12-6　密封油系统报警信号

信号名称	整定值	保护措施	操作
氢油压差正常	0.084MPa		调整主压差阀弹簧
备用压差阀投入	0.056MPa		启机前已调整好备用压差阀投入
氢油压差低	0.035MPa	压差开关动作	启动空侧直流泵
氢油压差很低	<0.035MPa	轴承油投入	电机内氢压减至 0.014MPa
空侧交流油泵停	泵进出口压差降到 0.035MPa 时	压差开关动作	
空侧直流油泵停	泵进出口压差降到 0.035MPa 时	压差开关动作	
氢侧交流油泵停	泵进出口压差降到 0.16MPa 时	压差开关动作	启动直流泵
氢侧直流油泵停	泵进出口压差降到 0.16MPa 时	压差开关动作	
油封箱正常油位	液位计中心位置 −30mm<油位<+30mm	补油、排油浮球阀关闭	
油封箱油位高	>+60mm	液位报警	
油封箱油位低	<−60mm	液位报警	
氢侧供油温度高	>52℃		
空侧供油温度高	>52℃		

7. 空侧密封油的备用油源

1）当主工作油源发生故障、氢油压差降到 0.056MPa 时，第一备用油源（主轴油泵）的压差阀自动开启，投入运行。

2）当氢油压差降到 0.056MPa 时，汽轮机的同轴转速为额定转速的三分之二以上时，汽轮机主轴油泵能够提供第一备用油源；当低于三分之二转速或发生故障时，则只能由第二备用油源（密封油备用泵）提供。

3）当氢油压差降到 0.035MPa 时，第三备用油源（直流油泵）启动，它可以恢复氢油压差为 0.084MPa。但运行时间不宜过长，应在 2h 以内。

4）第四备用油源（轴承润滑油泵）提供的油压较低，为 0.035～0.105MPa。用它供油时，必须及时将机内氢气压力降低到 0.014MPa。

◆发电机在运行中为什么要冷却？

发电机在运行中产生磁感应的涡流损失和线阻损失，这部分能量损失转变为热量，使发电机的转子和定子发热。发电机线圈的绝缘材料因温度升高而引起绝缘强度降低，会导致发电机绝缘击穿事故的发生，所以必须不断地排出由于能量损耗而产生的热量。

十二、定冷水系统运行

1. 水冷系统保护定值（表 12-7）

表 12-7　水冷系统保护定值

信号名称	整定值	操作
1 号泵停止	<0.14MPa	延时 3～5s 启动 2 号泵

续表

信号名称	整定值	操作	
2号泵停止	<0.14MPa	延时3～5s启动1号泵	
线圈进水温度高	>60℃		
线圈出水温度高	>90℃		
水箱水位低	450mm	补水电磁阀开	正常水位550mm
水箱水位高	650mm	手动排水	正常水位550mm
水箱氮气压力高报警	0.042MPa	安全阀动作0.035MPa	正常氮气压力0.014MPa
定子水流量低	2/3额定流量	报警	
定子水流量很低	1/2额定流量	延时30s减负荷	
定子绕组水压降高	比正常压差高0.035MPa	报警	
交换器出水电导率高	>0.5μS/cm	换树脂	
定子进水电导率高	>5μS/cm	报警	
定子进水电导率过高	>9.5μS/cm	甩负荷或停机	
发电机氢水压差低	<0.035MPa	手调旁路阀门	
过滤器压差高	X+0.021MPa	清洗滤芯	
备用水流量信号	15.4L/min		
过滤器压力损失升高	比正常压差高0.021MPa	清洗滤芯	

2. 系统准备

1）确认整个系统已冲洗干净。

2）系统阀门按系统操作标准准备完毕。

3）检查确认各监测仪表投入运行。

4）检查确认各电磁阀、压差计送电。

5）检查确认发电机内风压已建立。

6）定冷水箱补水至正常，补水电磁阀投自动。

3. 定子冷却水投入运行规定

1）发电机定子冷却水系统为密闭系统，不允许定子冷却水箱向大气运行。

2）发电机定子线圈的反冲洗方式，只能在机组停止时采用，机组启动前必须认真检查，使水冷系统切换为正常方式。

3）发电机正常投运前，应先对发电机进行气体置换，当风压至0.10MPa左右时，及时向定子线圈通水，并调整定子冷却水压始终比发电机内风压至少低0.035MPa以上。

4. 定子冷却水冷却器的运行

1）打开三台水冷器的放空气门，确信水冷器已充满水后关闭。

2）根据需要停止一台水冷器备用，关闭要备用水冷器的出水门。

3）打开水冷器冷却水侧放空气门，缓慢打开冷却水进水门，水侧放空气门有水流出后关闭。

4）缓慢打开冷却水出水门，投入水温调节器，保持水冷器出水温度不高于49℃。

5）备用水冷器的冷却水进水门关闭，打开出水门。

6）水冷器的投停切换必须在机组长的监护下进行。

7) 水冷器检修后的投入，必须对水冷器进行冲洗，具体步骤如下：

（1）打开水冷器的冷却水侧进、出水门，投入水冷器的冷却水侧运行。

（2）打开水冷器的内冷水侧出口门前排空气门，检查确认水冷器是否泄漏。

（3）略打开水冷器的内冷水侧进水门，排尽内冷水侧的空气，同时对水冷器的内冷水侧进行冲洗，冲洗期间注意监视水冷箱的水位。

（4）由排空气门取样化验内冷水质合格后，方可打开水冷器的内冷水侧出、入口门，将内冷水侧并入系统运行。

5. 系统投入

1）投入定冷水离子交换器，定冷水箱补水至正常高水位，开水箱放水门放水，待化学化验水质合格后，关闭水箱放水门。

2）定冷水箱自动充氮至 0.014MPa，其压力调节器动作正常。

3）检查确认冷却器、过滤器放水门、旁路门、放空气门开启，然后依次开启定冷水泵、冷却器、过滤器进出口门进行系统注水，放空气门连续见水后关闭。

4）打开水冷泵再循环门、回水管放空气门。

5）检查确认水箱水位在高位，定冷泵启动条件满足。

6）启动一台水冷泵，当发电机进口定子冷却水温度超过 35℃时（否则投加热），慢慢打开发电机进水门，调整发电机进水门及再循环门，控制定子冷却水量为 90t/h；水压在 0.25～0.35MPa，保持水压比氢压低 0.05MPa。

7）一切正常后，投入另一台泵联锁备用。

8）回水管放空气门连续见水后关闭。

9）发电机并列后，当发电机进口定子冷却水温度超过 45℃时（检查加热已停），投入定子水冷却器，控制发电机定子冷却水温度在 45～50℃之间。

6. 运行维护

1）监视参数（表 12-8）

表 12-8　监视参数

项目	单位	参数
水箱水位	mm	550
定子绕组入口处压力	MPa	0.25～0.35（低于氢压 0.05）
定子绕组出口处压力	MPa	0.15～0.25
水冷流量	t/h	90±3
进水温度	℃	45～50
铜化合物含量	mg/L	≤40
出水温度	℃	≤90
20℃时的电导率	μS/cm	≤1.5
20℃时的 pH 值		7～9
20℃时的硬度	μgE/L	≤2.0

2）检查定冷泵轴承油杯油位正常，各轴承温度低于 80℃。

3）检查水箱水位正常，补水电磁阀工作正常。

4）当发电机进口水温超过 40℃时，应投入冷却器冷却水侧。先打开冷却水进水门和空气门，充水放空气完毕后，开出水门、关空气门，投入水温调节器，保持发电机定子冷却水温度为 45～50℃。定冷水在正常运行中应根据需要停一台水冷器备用。

5）正常运行中进行水冷器的切换倒运操作前，应将待投入水冷器的内冷水侧冲洗排空气，待化验内冷水质合格后方可并入系统运行（机组运行中投备用水冷器必须有人监护且缓慢进行）。

6）若定冷水温度升高，可将备用冷却器投用，并分析原因及时处理。

7）机组正常运行时，定冷水过滤器一台工作、一台备用，若过滤器进出口压差高于正常压差 0.02MPa 时，应手动投入备用过滤器，切除原运行过滤器，联系检修清洗，清洗完毕投入备用（机组运行中投备用过滤器必须有人监护且缓慢进行）。

8）机组正常运行时，应将定冷水离子交换器和电导率仪投入运行。用流量表入口门调整通过离子交换器的水量为 25～40L/min，保证离子交换器出口的电导率不超过 0.5μS/cm，通过离子交换器的水温应低于 50℃，以免树脂失效。

9）若在定冷水箱上部充氮气，则正常压力为 0.014MPa，当压力增至 0.035MPa 时，水箱上安全阀自动开启放气。

10）机组运行中，当内冷水箱内的含氢量达到 3%时应报警，在 120h 内缺陷未能消除或含氢量升至 20%时，应停机处理。

7. 定冷水系统的冲洗

1）系统在安装、大小修后要进行冲洗。

2）断续正冲洗时，发电机入水门开，出水门关，出水门前放水门开。

3）断续反冲洗时，发电机入水门关，出水门关，出水门前放水门关，入水门前放水门开，反冲洗入口门开。

4）连续反冲洗时，发电机入水门关，出水门关，出水门前放水门关，入水门前放水门关，反冲洗入口门开，反冲洗出口门开。

8. 定冷水泵的停用

1）若切换备用时，应先手动启动备用泵正常后，停用原运行泵并将其投入备用，密切注意定冷水流量正常。

2）泵组在运行中若有明显不正常异声、振动，电流明显增大，应先启动备用定冷泵，再停故障泵。

3）机内氢压降低时，应该相应地调低定子进水压力。

4）停机后，当氢压降到 0.2MPa 以下时，可停止定冷水泵运行。

5）解除定冷水泵联锁，停定冷水泵。

十三、氢气系统运行

1. 氢气系统主要参数（表 12-9）

表 12-9　氢气系统主要参数

名称	单位	数值	备注
氢气额定压力	MPa	0.4±0.02	最大不超过 0.42
氢气额定纯度	%	≥98	≤95 报警

续表

名称	单位	数值	备注
氢气最低容许纯度	%	≥95	
氧气含量	%	<1	
氢气湿度（露点）	℃	−5～−25	氢气压力在0.4MPa
漏氢量	m^3/d	11	
氢冷却器出口氢温	℃	45±1	
发电机内气体容积	m^3	110	
氢冷却器进水温度	℃	20（最大33）	
氢冷却器进水压力	MPa	0.1～0.3	

2. 氢气系统投入前准备

1）充氢前确认发电机本体检修工作全部结束，汽轮机房内停止一切动火工作，现场消防设备齐全、完好。

2）发电机风压试验完成并且合格，发电机密封油系统正常运行。

3）发电机检漏装置投入，现场、CRT有关信号显示正常，报警准确。

4）做好与化学氢站的联系工作。

3. 气体置换时的注意事项

1）气体置换过程应在低风压下并尽可能在转子静止或盘车时进行，同时应保持密封油系统投入运行正常。整个置换过程中，应监视发电机风压、密封油压力及油温的变化，监视平衡阀、差压阀的跟踪情况；监视消泡箱液位、液位计液位、氢侧密封油箱油位的变化。

2）现场严禁动火工作。

3）在气体置换过程中，必须用氮气作为中间介质，严禁空气与氢气直接接触。

4）置换时排出的氢气必须排至室外。发电机各死角排污不应同时进行。

5）置换及运行中，操作氢气系统节门前应将身体和衣服上的静电释放掉，操作节门时应用手开关节门，操作不动时可使用铜钩子，禁止使用铁钩子直接操作。

6）充排氢时，氢气流速不宜太高。

7）置换前由化学抽样测定氮气纯度大于98％，水分含量按质量计应小于0.1％。

8）对发电机气体采样，当充入氮气时，应从顶部汇流管取样；当充入氢气时，应从底部汇流管取样。

9）用氮气置换空气时，当氮气含量达95％时为合格。充氢时，当发电机氢气纯度达98％时为合格。

10）当用中间气体排氢时，氮气含量大于97％后，方可引入空气。

11）一般只有在发电机气体置换结束后，再提高风压或泄压。

4. 氮气置换发电机内空气

1）确认氮气钢瓶连接好，用氮气置换空气，检查确认排氮门、补氢门在关闭位置，氮气瓶出口总门、氮气进气门、排氢门在开启位置。

2）缓慢开启氮气阀门，控制氮气流量避免过冷，向发电机内充氮气，同时稍开发电机排气总门，维持发电机内风压在 0.02～0.03MPa。

3）发电机内氮气浓度达到 90％以上时，分别进行发电机各死角排污，5min 后关闭。

4）当发电机内氮气浓度达到 97％以上时，可停止充氮气。

5）首先关闭氮气瓶阀门，然后关闭发电机排气总门、氮气瓶出口总门、N_2 进气门、排氢门，开启排氮门、补氢门。

5. 发电机充氢

1）当发电机内氮气纯度合格后，若暂不充氢，应始终保持发电机内压力不低于 0.02MPa，超过 1h 后充氢时，应重新化验各处氮气纯度合格后方可充氢。

2）检查确认排氢门、氮气进气门在关闭位置，补氢门、排氮门开启。

3）缓慢开启补氢门，向发电机内充氢气，开启氢气压力调节门前后隔离门，用氢气压力调节门调整发电机内部压力，同时稍开发电机排气总门，维持发电机内风压在 0.02～0.03MPa，注意监视发电机平衡阀和差压阀的跟踪情况，必要时手动调整。

4）注意控制充氢速度，当排气母管氢气纯度大于或等于 90％时，开启各排死角门及干燥器放水门。当各处氢气含量均大于或等于 98％时，关闭排气门、排死角门。继续充氢至 0.1MPa，至此充氢置换工作完毕。

5）机组并网前确认氢压大于或等于 0.2MPa，内冷水压力始终保持小于氢压 0.05MPa。

6）逐渐将发电机内氢压提高到 0.4MPa。保持氢温在 45℃左右。

6. 运行维护

1）机组启动过程中，不应过早地向氢气冷却器供冷却水，应在入口风温超过 40℃时，再投入氢气冷却器水侧并投入其自动控制，随着负荷的增加，应注意监视氢气冷却器出水温度调节阀的工作情况。

2）机组正常运行时，发电机内氢压应为 0.4MPa，当氢压降低到 0.38MPa 时，补氢到 0.40MPa，发现氢压下降异常时，应立即查明原因，并进行消除。

3）机组正常运行时，发电机氢温控制投自动，最低不低于 40℃，最高不高于 50℃，出口风温最高不高于 80℃。机组停用后，及时关闭氢冷器进出水门，以防发电机过冷。

4）正常运行时发电机运行中氢气纯度不低于 98％，氢气露点在 -5～-25℃，发电机运行中氢气纯度、湿度不合格时应进行排污，并向机内补充氢气，以提高纯度、降低湿度。如发现氢气纯度、湿度下降，应严密注意并寻找原因。

5）经常检查确认干燥器自动再生、干燥正常，并定期排污。

6）发电机平台，零米密封油系统、氢气系统及气体控制站附近 5m 内严禁明火。

7）有检修工作，需在汽轮机房禁区动用明火时，经总工程师批准，办理第一种动火工作票，经化学化验合格后方可进行，同时现场应配备足够的消防器材。

8）发电机由于急剧漏氢，或在漏氢地点工作因金属摩擦而产生的火花引起氢气着火时，应迅速设法阻止继续漏氢，并用二氧化碳灭火。在火焰扑灭后，应找出漏氢原因并消除。

7. 氢气冷却器投运

1）关闭氢气冷却器进出水管放水门。

2）缓慢开启 A、B、C、D 四组氢气冷却器进水门，当氢气冷却器放气管见水时，关闭放气门。

3）开启 A、B、C、D 四组氢气冷却器出水阀。

4）开启氢温调节阀前后隔离阀，关闭旁路阀，把氢气冷却器温度调节阀投入"自动"。

8. 发电机排氢

1) 关闭所有补氢门及自动补氢隔离阀。

2) 缓慢开启排氢门，注意空氢侧密封油压自动跟踪正常，否则切到手动调正，当发电机气体压力降至 0.02Pa 时准备充氮。

3) 确认氮气钢瓶连接好，用氮气置换氢气，检查确认排氮门、补氢门在关闭位置，氮气瓶出口总门、氮气进气门在开启位置。

4) 开启充氮气门，向发电机充氮气。

5) 机内压力维持在 0.02～0.03MPa。发电机内氮气浓度达到 90％以上时（或 1h 后），分别进行发电机各死角排污，5min 后关闭。

6) 由排气管处取样化验，当机内氮气含量大于或等于 97％时，开启各处排死角门并取样化验，当各处氮气含量均大于或等于 97％时，关闭排气门及各排死角门，发电机排氢工作结束。

7) 首先关闭氮气瓶阀门，然后关闭发电机排气总门、氮气瓶出口总门、氮气进气门、排氢门。

8) 置换过程中要保证内冷水压力低于气体压力 0.05MPa，当氢压降到 0.2MPa 以下时，停止水冷泵运行。

9) 当盘车停止后方可停止空、氢侧密封油泵运行。

10) 将发电机内压力降至 0。

十四、电动给水泵

1. 概述

1) 每台机组配置 30％BMCR 容量的启动（备用）电动给水泵一台。在机组启动或汽泵检修或事故状态下，向锅炉连续供水并向锅炉过热器、再热器及汽轮机高压旁路供减温水。

2) 电动给水泵电动机、前置泵与给水泵由液力耦合器连接布置统一平面上。液力耦合器油系统由工作油泵、润滑油泵、辅助交流油泵、工作油冷却器、润滑油冷却器、油过滤器、勺管控制器及其有关监控仪表组成。

2. 电动给水泵的保护、联锁

1) 电动给水泵保护定值（表 12-10）

表 12-10　电动给水泵保护定值

保护名称	单位	报警值	保护值
电泵主泵入口压力低	MPa	1.5	—
除氧器水位低延时 1s	mm	2300	1700
电动给水泵润滑油压力低延时 1s	MPa	0.08	0.06
电动给水泵工作油冷却器进油温度高	℃	110	130
电动给水泵工作油冷却器出油温度高	℃	60	70
电机轴承温高	℃	85	90
泵轴承温度高	℃	75	90
泵推力轴承温度高	℃	75	90
电泵密封水回水温度高	℃	80	95

续表

保护名称	单位	报警值	保护值
液力耦合器轴承温度高	℃	85	90
液力耦合器推力轴承温度高	℃	90	95
液力耦合器润滑油冷油器进口温度高	℃	75	80
液力耦合器润滑油冷油器出口温度高	℃	55	65

2）检查项目（表 12-11）

表 12-11　检查项目

检查项目	单位	正常值	报警值	保护值	备注
电泵电流	A	675	—	—	
润滑油压	MPa	>0.1	0.1	0.06	≥0.25 自停油泵；≥0.1 允许 电机启动；≤0.06 跳泵
润滑冷油器入口油温	℃	45~65	65	75	
润滑冷油器出口油温	℃	35~55	55	65	
滤油器差压	MPa	<0.06	0.06	—	绿色——清洁；全红——堵塞应清理
工作冷油器入口油温	℃	60~100	110	130	保护动作停泵
工作冷油器出口油温	℃	35~75	75	85	
泵支持、推力轴承金属温度	℃	<70	75	90	保护动作停泵
电机轴承金属温度	℃	<70	85	90	保护动作停泵
耦合器支持、推力轴承 金属温度（7 号瓦除外）	℃	<85	90	95	保护动作停泵
耦合器 7 号支持轴承金属温度	℃	<90	95	100	保护动作停泵
电机定子温度	℃	—	125	130	保护动作停泵
机械密封水温	℃	<80	80	95	保护动作停泵
主泵平衡水差压	MPa	1.5	2.0	2.0	比吸入口压力高 0.05~0.1
主泵前置滤网压差	MPa	<0.06	≥0.06	—	
主泵上、下壳体温差	℃	<20	≥20	—	

3. 电泵启动前检查

1）确认电动给水泵检修工作全部结束，工作票注销。现场整洁，管道保温良好，周围无妨碍运行之杂物。

2）所有表计完好，各压力、流量一次门开启，信号及仪表、控制电源已送。

3）各电动门、气动阀送电、送气，并传动正常。

4）电泵组所有联锁保护试验全部合格，并按要求投入。

5）按系统操作标准检查系统完毕。

6）闭式冷却水系统已运行，冷却水压力正常，投入泵密封套冷却水、机械密封冷却水，各回水窗水流畅通。

7）开启泵及给水管路系统的放气门，开电前泵入口门，对电泵组进行注水，排出泵体及管路内气体，直到没有空气逸出，关闭所有放气门。

8）打开中间抽头手动门。

9）打开电泵暖泵门。

10）摇测电泵电机绝缘合格后送电，并按规定投入电机电加热器。

11）除氧器水位正常。

12）检查确认耦合器油位在油窗 2/3 处，启动辅助油泵，确认油压正常，系统无泄漏。

13）检查确认耦合器调速机构各传动关节牢固，传动勺管"增""减"负荷方向正确后，将勺管放在"0"位。

14）投入润滑油滤网，确认差压正常，另一侧充油后备用。

15）确认各轴承回油窗油流畅通。

16）投入工作油冷却器，润滑油冷却器冷却水，投入电泵电机冷却水。

17）确认流量变送器投入。

4. 电泵启动

1）确认电动给水泵启动许可条件均已满足。

2）检查确认油温高于 20℃，润滑油压母管高于 0.16MPa，除氧器水位在正常范围。

3）电泵出口门、电泵暖泵门处于关闭状态，再循环门在自动位全开，勺管开度在"0"位。

4）调整厂用 6kV 电源电压至额定值的上限。

5）顺控或手动启动电泵，检查启动电流正常，当润滑油压高于或等于 0.25MPa 时，辅助油泵自停，检查确认电泵组各轴承振动、温度、回油温度、耦合器各瓦温度、平衡盘压力、水滤网差压等参数正常。

6）调整勺管开度，注意给水泵转速、压力、流量变化正常。

7）调整工作油、润滑油油温在正常范围，并投入工作油温自动调节。

8）提高电泵转速，当锅炉具备进水条件后，打开电泵出口门，锅炉开始进水。根据需要投入锅炉给水自动控制。

9）投入给水 AVT（加氨、联胺）运行方式，当机组负荷超过 30%B-MCR 时切换至 CWT（加氨、氧）运行方式。

10）根据锅炉上水要求缓慢调整勺管开度。

11）当电泵出口流量大于或等于 280t/h 时，最小流量调节阀自动关闭。

5. 运行维护

1）检查确认给水泵及耦合器振动不超过 0.05mm，电机及前置泵各轴承振动不超过 0.06mm。

2）润滑油冷却器出口油温升至 45℃，开启润滑油冷却器进水门，控制润滑油出口油温在 40~45℃之间，不低于 35℃，不超过 55℃；润滑油滤网前后压差应低于 0.06MPa，若高于 0.06MPa，应切换备用组油滤网运行，联系检修清洗原运行油滤网。

3）工作油冷却器出口油温升至 45℃，开启工作油冷却器进水门，控制工作油出口油温在 40~70℃之间，不低于 35℃，不超过 75℃。

4）前置泵入口滤网差压应低于 0.06MPa。

5）根据电机出口风温，投入电机空气冷却器，开启电机空气冷却器进水二次门，控制空气冷却器入口风温在 40~45℃之间，出口风温在 65℃以下，电机线圈温度低于 130℃。

6）检查给水泵中间抽头压力是否正常，给水泵额定工况下运行，其中间抽头压力在 8.8MPa 左右。

7）检查确认电动给水泵组各支持轴承、推力轴承金属温度在正常范围。

8）泵在允许运行范围内，进出口压力、流量正常，电机电流不超限。

9）机械密封冷却器回水温度低于80℃。

10）液力耦合器油箱油位、油质正常，润滑油压在0.2MPa左右，控制油压在0.35MPa左右，工作油压在0.2MPa左右。

11）除氧器水位、压力正常，给水泵无汽化、无冲击现象。

12）给水泵组冷却水系统、机械密封系统、密封水系统、油系统及给水管道无泄漏。

13）电泵备用期间要求检查勺管自动跟踪正常（上限75%）。

6．电动给水泵的停止

1）当机组负荷升至180MW以上，由汽动给水泵带负荷运行时，可停用电泵。

2）当机组停用、锅炉不需给水时，可停用电泵。

3）降低电动给水泵转速，将给水流量移到其他的运行汽动给水泵，注意给水流量、压力、主、再热汽温正常，注意保持负荷稳定。

4）电泵须退出运行时，应先将出力调整到最小状态，当出口流量为160t/h时，再循环门自动打开，关闭电泵出口门，关闭加药门、加氧门，此过程中须注意保证锅炉给水流量的稳定。

5）停电泵，当润滑油压降至0.08MPa时，辅助油泵应自启动。

6）就地检查电泵惰走情况正常，不倒转。

7）电动给水泵停用后，耦合器工作油温低于30℃，关闭其冷却水门，润滑应维持正常油温，电机出口风温低于40℃，停运电机空气冷却器，关闭电机空气冷却器进水门备用，投入电机电加热装置。

8）电泵联锁投入后，出口门、中间抽头门应在开启状态，勺管自动跟踪正常（上限75%）。

9）若电泵不投热备用，则当泵壳温度低于80℃、各轴承金属温度已低于50℃时，可停用给水泵密封冷却水、油系统及冷却水系统、电机冷却水系统。

7．手动紧急停泵的条件

1）任一掉闸条件构成保护拒动。

2）泵组突然发生强烈振动或内部有明显的金属摩擦声，电流突然增大并超过额定值。

3）任一轴承断油、冒烟。

4）油系统漏油无法维持油位或油系统着火，不能立即扑灭，威胁设备安全。

5）给水管道破裂无法隔离时。

6）给水泵发生严重汽化时。

7）液力耦合器工作失常，电泵转速控制失灵。

8）给水泵流量小于或等于140t/h且延时5s后，再循环阀仍未打开。

9）危及人身安全时。

◆采用小汽轮机调节给水泵有什么特点？

1）增大了单元机组输出电量（为发电量的3%～4%），即降低了厂用电量。

2）不需要升速齿轮和液力耦合器，故不存在设备的传动损失。

3）提高了给水泵运行的稳定性，当电网频率变化时，给水泵运行转速不受影响。

◆离心泵"汽蚀"的危害是什么？如何防止？

1）汽蚀现象发生后，使能量损失增加，水泵的流量、扬程、效率同时下降，而且噪声和振动加剧，严重时水流将全部中断。

2）为防止"汽蚀"现象的发生，在泵的设计方面应减小吸水管阻力；装设前置泵和诱导轮，设置水泵再循环等。运行方面要防止水泵启动后长时间不开出口门。

◆离心泵的工作原理是什么？

离心泵的工作原理就是在泵内充满水的情况下，叶轮旋转使叶轮内的水也跟着旋转，叶轮内的水在离心力的作用下获得能量。叶轮槽道中的水在离心力的作用下甩向外围流进泵壳，于是叶轮中心压力降低，这个压力低于进水管内压力，水就在这个压力差作用下由吸水池流入叶轮，这样水泵就可以不断地吸水、供水了。

◆离心泵启动前为什么要先灌水或将泵内空气抽出？

因为离心泵所以能吸水和压水，是依靠充满在工作叶轮中的水做回转运动时产生的离心力。如果叶轮中无水，因泵的吸入口和排出口是相通的，而空气的密度比液体的密度小得多，这样无论叶轮怎样高速旋转，叶轮进口都不能达到较高的真空，水不会吸入泵体，故离心泵在启动前必须在泵内和吸入管中灌满水或抽出空气再启动。

◆水泵汽化的原因是什么？

水泵汽化的原因在于进口水温高于进口处水压力下的饱和温度。当发生入口管阀门故障或堵塞使供水不足、水压降低，水泵负荷太低或启动时迟迟不开再循环门，入口管路或阀门盘根漏入空气等情况，会导致水泵汽化。

◆一般泵运行中检查哪些项目？

1）对电动机应检查确认电流、出口风温、轴承温度、轴承振动、运转声音等正常，接地线良好，地脚螺栓牢固。

2）对泵体应检查确认进、出口压力正常，盘根不发热和不漏水，运转声音正常，轴承冷却水畅通，泄水漏斗不堵塞，轴承油位正常，油质良好，油环带油正常，无漏油，联轴器罩固定良好。

3）与泵连接的管道保温良好，支吊架牢固，阀门开度位置正常，无泄漏。

十五、汽动给水泵

1. 概述

1）本汽轮机为单缸、轴流、反动式，驱动半容量锅炉给水泵。每台机组配置 $2 \times 50\%$ B-MCR 的汽动给水泵。一台汽泵工作时，保证机组负荷 50% B-MCR 的给水量，两台汽动泵工作时，保证机组负荷 100% B-MCR 的给水量。

2）给水泵小汽轮机汽源有冷再热（高压汽）和四段抽汽（低压汽），低、高压汽切换时主机负荷范围小于或等于 40%，调试用汽源辅助蒸汽，高压汽源和低压汽源由 MEH 控制切换。

3）控制系统采用电液调节，通过电液转换器实现对液压系统的控制。

4）密封冷却水为闭冷水，轴封蒸汽供应方式为来自主机轴封蒸汽联箱并配有减温器，与主机共享轴封冷却器。

5）小汽轮机疏放水至主机疏放水系统，小汽轮机排汽直接排入主机凝汽器。

6）盘车装置为油蜗轮盘车，驱动给水泵随小汽轮机一起盘车。每台小汽轮机自身配置供油系统，供小汽轮机本体轴承顶轴、润滑和被驱动的给水泵轴承润滑用油及小汽轮机保安用油，抗燃油源由主机提供。

7）保护系统配有危急保安装置，用于超速保护和轴位移保护。停机电磁阀用于接受来自 METS 的停机信号。就地手动停机阀用于切断速关油，关闭速关阀。

2. 控制系统简介

1）MEH-ⅢA 控制系统的基本功能

（1）自动升速控制：MEH 系统能以操作人员预先设定的升速率自动地将汽轮机转速自最低转速一直提升到预先设定的目标转速。

（2）给水泵转速控制：MEH 系统应能接受来自锅炉模拟量控制系统的给水流量需求信号，实现给水泵汽轮机转速的自动控制。转速控制回路应能保证自动地迅速冲过临界转速区。

（3）滑压控制：随着主汽轮机所带负荷的升高，MEH 系统能自动地实现给水泵汽轮机从高压汽源至低压汽源的无扰切换，反之亦然。

（4）阀门试验：为保证发生事故时阀门能可靠关闭，MEH 系统至少具备对进汽门进行在线试验的功能。在进行阀门在线试验时，给水泵汽轮机仍应能正常地运行。

（5）自诊断功能：MEH 系统具有自诊断功能，检出可能造成非预期动作的系统内部故障。

（6）系统故障切手操功能：当发生系统内部故障时，MEH 系统应能自动地切换至手操，隔断系统输出，发出故障报警信号并指明故障性质。

（7）正常运行操作和监视：对机组的起停运行监控和系统的自诊断信息高度集中在CRT 画面和键盘上。通过键盘和 CRT 画面，能完成 MEH 系统所有被控对象的操作并获取系统手动、自动运行的各种信息。

（8）保护和试验。

（9）操作指导、历史数据、报警、制表、记录等。

2）控制系统的控制方式

（1）手动转速控制方式（软手动）：在此方式下，由操作员控制 HP（高压）和 LP（低压）调速阀的位置。

（2）操作员自动转速控制方式：在此方式下，由操作员给出目标转速，MEH 系统能自动地将转速提升到目标值。

（3）远方控制转速自动控制方式：在此方式下，MEH 系统接受来自机组给水自动控制系统的模拟信号指令进行转速自动控制。系统在切换至本方式之前，必须首先处于操作员自动方式。

3）三种控制方式的切换

（1）汽轮机转速低于 600r/min，控制器处于手动方式。按操作盘上的阀位增、阀位减，可使汽轮机升速/降速。

（2）汽轮机转速高于 600r/min，按操作盘上的转速自动按钮，控制器从手动方式无扰切换至转速自动。按操作盘上的转速增加/转速减小，可使汽轮机升速/降速。

（3）汽轮机转速高于 3100r/min，CCS 允许锅炉自动投入且 CCS 给定与实际转速误差小于设定值，可切换至锅炉自动控制方式。

3. 汽动给水泵的保护定值（表 12-12）

表 12-12　汽动给水泵的保护定值

保护名称	单位	报警值	跳闸值
超速保护	r/min	6100	机械：6490　电超：6300
轴向位移大	mm	0.18	0.25
润滑油压力低	MPa	0.088	0.059
轴承温度高	℃	90	100
推力轴承温度高	℃	85	100
轴承振动大	μm	60	80
排汽压力高	kPa	16.7	30
小汽轮机调速油压力低	MPa	0.8	0.6
汽轮机要求来顺控停止指令			
锅炉来跳闸指令			
MEH 跳闸			
运行人员在操作员台手动停机			
汽动给水泵轴承温度高	℃	80	105
汽动给水泵推力轴承温度高	℃	80	105
汽动给水泵轴承振动大	μm	60	80
汽动给水泵密封水回水温度高	℃	80	95
汽动给水泵前置泵密封水回水温度高	℃	80	95
汽动给水泵入口滤网压差高	MPa	0.06	

4. 启动前试验

1）小汽轮机静态试验。

2）小汽轮机主汽门活动试验。

3）小汽轮机超速试验。

5. 启动前的准备工作

1）确认汽动给水泵检修工作全部结束，工作票注销，现场整洁，管道保温良好，周围无妨碍运行的杂物。

2）所有表计完好，各压力、流量一次门开启，信号及仪表、控制电源已送。

3）各电动门、气动阀送电、送气，并传动正常。

4）汽泵组所有联锁保护试验全部合格，并按要求投入。

5）按系统操作标准检查系统完毕。

6）循环水系统、闭式冷却水系统已运行，冷却水压力正常，投入泵密封套冷却水、机械密封冷却水。

7）关闭汽泵出口门及所有放水门。

8）打开前置泵入口门，对前置泵、主泵进行注水，主泵空气门见水后关闭。

9）机械密封水冷却器应进行密封水和冷却水放空气，确保其良好的冷却效果。

10）前置泵及主泵四回路机械密封水过滤器各投入一组运行，另一组注水后备用。

11）确认电动给水泵运行正常，开启汽动给水泵暖泵截门。

12）前置泵电机摇测绝缘合格后送电。

6. 小汽轮机油系统投入

1）油箱油质合格，油位大于 400mm，油位计活动无卡涩，油位报警信号试验正常。

2）当油温小于 25℃时投入电加热，当油温大于或等于 30℃时停止电加热。

3）冷油器、润滑油滤油器、调速油滤油器各投入一组运行。

4）确认各油泵出口门打开，启动一台主油泵，检查电流、油压正常，确认工作排烟风机联锁启动。

5）启动油泵后系统进行充油排空气，备用冷油器、滤油器应充满油，注油门打开。

6）检查确认小汽轮机、给水泵各轴承回油正常，系统无泄漏。

7）油温达 40℃时投冷却水，正常后投入自动，控制油温 40～45℃；备用冷油器出口水门打开。

7. 汽泵前置泵的启动

1）投入前置泵电机冷却水，确认启动条件满足：除氧器水位 2600mm，前置泵入口电动门全开，汽泵再循环门在自动位全开，无保护跳闸条件。

2）启动前置泵，检查确认前置泵电流、声音、温度、振动、出口压力及进口滤网压差等参数正常。

8. 小汽轮机暖管疏水及抽真空

1）确认小汽轮机速关阀、高低压汽源管道阀在关闭位置。

2）打开小汽轮机高低压汽源管道各疏水门、疏汽门，稍开供汽电动门，确认疏水畅通，进行充分暖管后全开各进汽电动门（或手动门），确认蒸汽压力正常。

3）打开小汽轮机本体疏水阀组，确认疏水畅通。

4）检查确认主机轴封供、回汽系统已投运，压力为 0.007～0.021MPa，温度为 150～190℃。

5）检查确认主机轴封减温水压力小于 2.45MPa。

6）小汽轮机轴封供汽管道充分暖管疏水后，打开各轴封回汽门，稍开轴封进汽分路门送轴封。

7）缓慢打开小汽轮机排汽蝶阀，严密监视主机真空度不下降，小汽轮机真空度逐渐抽至正常值，调整供汽分门，使小汽轮机前轴封微漏汽，后轴封不吸汽。

9. 汽泵组的启动

1）确认汽泵出口电动门在关闭位置，泵壳体上下温差小于 20℃。

2）小汽轮机真空度小于 16.7kPa，蒸汽温度大于小汽轮机汽缸内壁金属温度 80℃且过热度大于 50℃。

3）大汽轮机 EH 油系统运行正常，小汽轮机 EH 油压约 14.0MPa。

4）小汽轮机挠度、胀差、轴位移在正常范围。

5）在 MEH 控制画面进行小汽轮机挂闸，确认安全油压建立约 0.8MPa，主汽门打开。

6）在 MEH 控制画面选择"转速自动"方式冲转，设定目标转速为 600r/min，升速率为 150r/min，进行升速。也可以在 MEH"软手操"状态，按下"阀位增"按钮进行升速。

7）小汽轮机升速过程中，应严密监视一些重要运行参数的变化，如转速、温度、振动、轴向位移、胀差、缸胀等。转速上升至 600r/min，进行摩擦检查（打闸试验），注意低压调节阀、管道调节阀、小汽轮机高低压进汽电动门、小汽轮机排汽碟阀、主汽门应联关，转速下降，认真倾听泵组内部声音是否正常。检查结束后，小汽轮机重新复位，按上述操作步骤进行升速。

8）小汽轮机转速达 600r/min，根据汽缸金属温度状态决定暖机时间（具体的暖机时间按小汽轮机启动曲线）或不暖机。

9）低速暖机结束后在"转速自动"方式，在"目标值"输入为 3100r/min，设定升速率为 300r/min，进行升速。

10）升速至 3100r/min 后，可以选择"锅炉自动"方式，小汽轮机转速将由 CCS 信号控制。

11）关闭小汽轮机本体疏水阀组及各进汽管道疏水，打开中间抽头门。

12）提升汽泵转速使泵出口压力小于给水母管压力 1～2MPa，打开出口门，在"锅炉自动"方式下手动或自动根据锅炉需求增减出力。

13）当汽泵出口流量大于 300t/h 时，检查确认再循环门自动关闭。

10. 冲转注意事项及有关操作

1）升速过程中转速应平稳上升，轴振不允许超过 $60\mu m$，过临界转速时轴振不允许超过 $80\mu m$，并注意倾听给水泵组内部声音，发现有金属摩擦声或振动大时立即停机。泵组各轴承金属温度和回油温度正常，机械密封水回水温度不大于 80℃。

2）投入给水 AVT（加氨、联氨）运行方式，当机组负荷超过 30%B-MCR 时切换至 CWT（加氨、氧）运行方式，停机过程中机组负荷低于 30%B-MCR 时切换至 AVT 运行方式。

3）并泵过程中，应注意给泵再循环调整门动作对锅炉给水流量变化的影响。

11. 小汽轮机的试验项目

1）超速试验。

2）小汽轮机主汽门活动试验。

12. 运行维护

1）给水泵汽轮机运行参数（表 12-13）

表 12-13　给水泵汽轮机运行参数

项目	单位	正常值	报警值	停机值	备注
小汽轮机进汽压力	MPa	0.5～0.9			
小汽轮机进汽温度	℃	300～350			有 50℃ 过热度
负向推力轴承温度	℃	65	≥80	≥105	
正向推力轴承温度	℃	65	≥80	≥105	
前轴承温度	℃	65	≥75	≥105	
后轴承温度	℃	65	≥80	≥105	
油箱油位	mm	650	≥+800		CRT 报警
			≤+400		禁启油泵
排汽压力	kPa	7	16.7	30	
排汽温度	℃	<40	80	120	手动停机
润滑油压	MPa	0.2	0.088		联启交流油泵
			0.059		联启事故油泵
			0.059		保护动作停机
			0.088		自动停止盘车

续表

项目	单位	正常值	报警值	停机值	备注
调节油压	MPa	0.9	0.65		联启备用油泵
速关油压	MPa	0.8		0.3	MEH 自动停机
顶轴油压	MPa	7.0			
盘车油压	MPa	0.8			
电超速	r/min			6300	MEH 自动停机
机械超速	r/min			6490	遮断器动作
轴向位移	mm	<±0.55	±0.56	±0.8	
前轴振动	μm	<30	60	80	
后轴振动	μm	<30	60	80	
小汽轮机冷油器出口油温	℃	45	≥55		
小汽轮机冷油器入口油温	℃		≥60		
小汽轮机润滑油滤网差压	MPa		0.08		报警
小汽轮机调速油滤网差压	MPa		0.08		报警
小汽轮机轴封进汽压力	MPa	0.02			同大机
给小汽轮机轴封进汽温度	℃	150	130~190		

2）汽动给水泵前置泵运行参数（表 12-14）

表 12-14　汽动给水泵前置泵运行参数

项目	单位	正常值	报警值	停泵值	备注
前泵支持轴承温度	℃	70	80	105	
机械密封水温度	℃	75	80	95	
汽前置泵入口滤网差压	MPa	<0.06	≥0.06		

3）汽动给水泵的运行参数（表 12-15）

表 12-15　汽动给水泵的运行参数

项目	单位	正常值	报警值	停机值	备注
泵支持轴承温度	℃		80	105	
泵正、负推力轴承温度	℃		80	105	
机械密封水温度	℃		80	95	
汽泵润滑油压	MPa	0.25	0.08	0.05	
上下壳体温差	℃	<20	≥20		
主泵前置滤网差压	MPa	<0.06	≥0.06		
汽泵最小流量	t/h		>280		关再循环门
				≤160	再循环门未打开延时 3s

13. 汽动给水泵正常停止

1）逐渐降低待停汽泵的负荷，流量少于或等于 160t/h 时注意再循环门自动打开，当泵出口压力低于给水母管压力时关闭汽动给水泵出口门，此过程中必须保证锅炉给水流量不出现大幅度波动；关闭待停泵中间抽头门。

2）降低小汽轮机转速至 3100r/min 时，按下脱扣按钮，确认主汽门、低压调节阀、小汽轮机进汽电动门，小汽轮机排汽蝶阀关闭，小汽轮机转速应降低；转速低于 600r/min，检查确认小汽轮机所有疏水门均自动打开。

3）注意给水泵组的惰走情况并记录惰走时间。

4）停止轴封供汽，应注意主机真空的变化。

5）停汽泵前置泵。

6）当给水泵汽轮机真空度降至零时，关闭轴封进汽门，注意凝结器真空的变化。

7）当泵壳温度小于 80℃，可停用机械密封水冷却水。

8）停机 8h 后可停止盘车，小汽轮机盘车停止后方可进行除氧器放水工作。

14. 紧急停泵组

1）紧急停泵组的条件

（1）任一保护达动作值而保护未动。

（2）机组发生强烈振动或内部有明显金属摩擦声。

（3）任一轴承断油、冒烟或轴承金属温度超限。

（4）给水泵汽轮机发生水冲击。

（5）油系统着火不能及时扑灭。

（6）水泵发生严重汽化。

（7）威胁人身安全。

2）紧急停机步骤

（1）远方或就地按下小汽轮机脱扣按钮。

（2）检查确认速关阀及调节汽门、排汽蝶阀等迅速关闭，电动给水泵自启，否则手动启动。

（3）及时查明事故原因，根据情况进行后续操作。

15. 汽泵水侧系统隔离消压放水（机组运行中）

1）停止汽泵、汽前泵的运行。

2）关闭汽前泵入口水管的化学加药门。

3）汽前泵停电。

4）关闭汽泵出口电动门，断电后手动摇严。

5）关严汽泵出口电动门后放水一道门。

6）关严汽泵中间抽头一道门。

7）关严汽泵供电泵的倒暖总门。

8）关闭汽前泵入口电动门，断电后手动摇严。

9）将最小流量阀切换为"手动"控制，手操关闭最小流量阀时注意汽前泵出口水压应无增大趋势且小于 1.2MPa，否则应立即打开最小流量阀并查明原因，重新隔离未关严的门。

10）手动摇严最小流量阀前（或后）隔离门。

11）关闭小汽轮机高、低压汽源的进汽电动门。

12）打开汽前泵出口管放水门，汽前泵出口压力应趋于明显下降。

13）汽泵及汽前泵水侧消压放水到零后方可开始检修工作。

14）根据检修情况停止小汽轮机主油泵的运行。

15）根据检修情况关闭汽泵及汽前泵的机械密封冷却水进出总门。

16）上述电动门停电后应挂"禁止操作"牌。

16. 汽泵水侧系统的恢复（机组运行中）

1）有关的检修工作票已结票。

2）有关的电动门送电，撤回"禁止操作"牌。

3）打开汽泵及汽前泵的机械密封冷却水进出总门。

4）关严汽前泵出口管放水门及汽泵正暖门。

5）开启一台小汽轮机主油泵，向系统供油。

6）略打开汽前泵入口电动门，向泵体开始缓慢注水，注水期间注意监视汽泵及汽前泵机械密封水温度的变化情况。

7）打开汽泵壳体顶部的排空气门，待排尽空气见水后关严排空气门，然后全开汽前泵入口电动门。

8）打开汽泵最小流量阀前、后隔离门。

9）打开汽泵中间抽头一道门。

10）检查汽前泵具备启动条件后送电。

11）启动汽前泵，水侧打循环，对汽泵壳体进行暖泵，暖泵时间应大于30min。

12）手摇松动汽泵的出口电动门。

13）汽泵运行后全开出口电动门，投入加药及中间抽头向炉供水。

14）全面检查确认汽泵的汽、水、油各系统运行正常。

15）电泵停止后投入备用必须及时投入倒暖。

第二节　汽轮机辅机事故处理

一、润滑油系统事故

1. 主油泵工作失常

1）现象

（1）前箱内有噪声。

（2）主油泵出口压力下降。

2）原因

（1）主油泵叶轮损坏，前箱内压力油管道泄漏。

（2）油蜗轮增压泵异常。

（3）主油泵出入口管道泄漏。

3）处理

（1）检查主油泵入口压力是否正常，前箱内有无异声、管道有无大量泄漏。在主油泵出口及润滑油压力的变化时立即汇报值长。

（2）主油泵入口压力低，联系点检调整油蜗轮节流阀、旁路阀、溢流阀，以保证润滑油油系统油压，同时保证增压泵正常工作，维持增压泵出口压力。

（3）确认主油泵出入口管道泄漏时，联系检修人员堵漏，如无效按（4）处理。

（4）确认主油泵故障，汇报值长，启动交流辅助油泵和高压密封油泵，减负荷至零后，不破坏真空故障停机。

2. 润滑油压下降（油箱油位正常）

1）原因

（1）主油泵和油蜗轮增压泵工作不正常。

（2）压力油管泄漏。

（3）冷油器泄漏。

（4）油压调节阀在运行中自动变更。

2）处理

（1）润滑油压下降时，应立即核对各表计，查明原因。

（2）当润滑油压下降到 0.084MPa 时，交流润滑油泵应联启，否则手启。当润滑油压下降到 0.065MPa 时，直流润滑油泵应联启，并停机投盘车，否则手动停机，并按紧急停机处理。当润滑油压下降至 0.034MPa 时停盘车。

（3）润滑油压下降时，应立即检查轴承金属温度、回油温度。发现回油温度异常升高并达到极限时，应立即破坏真空度并停机。

（4）检查主油泵进出口压力是否正常，若主油泵及油蜗轮增压泵工作失常且无法恢复，应汇报值长，请求停机。

（5）检查事故油泵、辅助油泵或启动油泵出口逆止阀是否关严，处理无效，汇报值长，请求停机。

（6）对冷油器进行查漏，若是冷油器泄漏，应迅速切换冷油器，并隔绝故障冷油器，联系检修。

（7）检查油压调节阀是否误动。

（8）在启动过程中，若交流润滑油泵故障而造成润滑油压下降，应立即启动直流润滑油泵，脱扣停机，待故障消除后，方可启动汽轮机。

3. 油箱油位下降（油压正常）

1）原因

（1）冷油器泄漏。

（2）事故放油门误动。

（3）密封油压力高或其他原因，使密封油进入发电机。

2）处理

（1）检查主油箱油位，如油位降低应启动润滑油输送泵，向主油箱补油，并观察油位的变化。

（2）对冷油器进行检查，若冷油器内漏，应切换备用冷油器运行，隔绝故障冷油器进行检修。

（3）检查主油箱事故放油阀是否误开。

（4）调整密封油系统压力使其恢复正常。

4. 油压和油位同时下降

1）原因

（1）压力油管（漏油进入油箱的除外）大量漏油。

（2）压力油管破裂。

（3）法兰处漏油。

（4）冷油器漏油。

（5）油管道放油门误开。

2) 处理

(1) 检查高压或低压油管是否破裂漏油，压力油管上的放油门是否误开，如误开应立即关闭，冷油器铜管是否大量漏油。

(2) 冷油器大量漏油，应立即将漏油冷油器隔绝并联系检修人员处理。

(3) 压力油管破裂时，应立即将漏油或喷油与高温部件临时隔绝，防止发生火灾，并设法在运行中消除。

(4) 通过储油箱补油，恢复油箱正常油位。

(5) 压力油管破裂大量喷油，危及设备安全或无法在运行中消除时，汇报值长，进行故障停机，油有严重火灾危险时，应按照油系统着火紧急停机的要求进行操作。

5. 油箱油位升高

1) 原因

(1) 油箱油位升高的主要原因是油系统进水，使水进入油箱。

(2) 轴封汽压太高。

(3) 轴封加热器真空度低。

(4) 停机后冷油器水压大于油压。

(5) 储油箱润滑油输送泵运行时，主油箱补油阀未关或未关严。

2) 处理

(1) 发现油箱油位升高，应进行油箱底部放水检查。

(2) 联系化学，化验油质。

(3) 调小轴封汽量，提高轴加真空。

(4) 停机后，停用润滑油泵前，应关闭冷油器进水门。

(5) 如因小汽轮机油箱补油引起，立即恢复正常。

6. 油系统着火

1) 原因

(1) 油系统漏油，一旦漏油接触到高温物体，会引起火灾。

(2) 设备存在缺陷，安装、检修、维护又不够注意，造成油管丝扣接头断裂或脱落，以及由于法兰紧力不够、法兰质量不良或在运行中发生振动等，均会导致漏油。此时如果附近有未保温或保温不良的高温物体，便会引起油系统着火。

(3) 由于外部原因将油管道击破，漏油喷到热体上，也会造成火灾。

2) 处理

(1) 发现油系统着火时，要迅速采取措施灭火，通知消防队部门并汇报有关领导。

(2) 在消防队未到之前，注意不使火势蔓延至回转部位及电缆处。

(3) 火势蔓延无法扑救，威胁机组安全运行时，应破坏真空度并紧急停机。

(4) 油系统着火紧急停机时，只允许使用润滑油泵进行停机。

(5) 如果润滑油系统着火无法扑救，将交直流润滑油泵自启动开关联锁解除后，可降低润滑油压运行；如果火势特别严重，经值长同意后可停用润滑油泵。

(6) 根据情况（如主油箱着火），开启主油箱事故放油门（确认事故放油门一次放油门已开启），转子位静止之前，应维持主油箱的最低油位，并进行发电机的排氢工作，联电气、热工切除火区设备电源。

(7) 等氢压降低至 0.02MPa 且机组转速降至 1200r/min 以下时，立即向发电机充 N_2 进行气体置换工作，应尽量保持定子冷却水系统运行。

（8）电气设备着火时，应立即断开该设备电源，然后进行灭火，对可能带电的设备及发电机、电动机等，应使用干粉灭火器、二氧化碳灭火器或 1211 灭火器灭火。严禁用水和泡沫灭火器灭火。

（9）油系统着火可使用干粉灭火器、二氧化碳灭火器或泡沫灭火器灭火，严禁用水和沙子（地面上可用水和沙子）灭火。

（10）如漏油至高温管道或部件引起火灾，应使用干粉灭火器和泡沫灭火器，严禁用水灭火。

二、EH 油系统事故

1. EH 油压下降

1）现象

（1）CRT 及就地表计指示 EH 油压下降。

（2）CRT 有 EH 油压低显示和报警。

2）原因

（1）EH 油箱油位过低。

（2）EH 油系统泄漏。

（3）EH 油泵故障。

（4）EH 油泵进、出口滤网脏堵。

（5）EH 油系统安全阀误动。

（6）备用 EH 油泵出口逆止阀不严。

3）处理

（1）当油压降至联泵值时，确认备用泵联启正常，否则手动启动。

（2）若两台 EH 油泵运行仍无法维持 EH 油压，应做好停机准备。

（3）当达到停机保护值时，保护应动作正常，否则手动停机。

（4）发现 EH 油系统泄漏，应在尽量维持 EH 油压的前提下隔离泄漏点，并及时联系技术部补油。若漏油严重不能隔离，应申请故障停机。

（5）检查安全阀动作情况，若误动应及时联系技术部处理。

（6）若运行泵滤网差压高，应启动备用泵，停止运行泵，联系技术部处理。

（7）运行泵工作失常，应切至备用泵运行并联系技术部处理。

2. EH 油泄漏处理

1）当确定为系统泄漏时，应及时检查泄漏点，并尽快隔离。

2）当泄漏点在冷油器内部时，应切至备用冷油器运行，隔离运行冷油器，并联系技术部处理。

3）当泄漏严重，无法维持 EH 油箱油位时，联系及时加油，并做好停机准备。

4）当油位低引起油压下降时，按油压下降进行事故处理。

3. EH 油位下降处理

1）EH 油位下降一般是由 EH 油管路泄漏或冷油器泄漏引起的，这时应检查确定漏点并进行隔离。

2）当油位下降过快时应及时联系点检补油。

3）无法维持正常运行油位时，应做好停机准备。

三、闭式冷却水系统事故

1. 闭式冷却水泵跳闸

1）现象

（1）CRT 报警，运行泵电机电流到零。

（2）闭冷水泵出口母管压力降低。

2）原因

原因为电气故障。

3）处理

（1）运行泵跳闸，备用泵应自启动，否则应手动启动。

（2）泵出口母管压力应维持正常。

（3）查明闭式冷却水泵跳闸原因，通知点检处理。

2. 缓冲水箱水位低

1）现象

（1）水位降至低值时，联锁开启水箱补水阀。

（2）CRT 闭冷水膨胀箱水位低报警。

2）原因

（1）水位自动调节失灵。

（2）凝结水压力低。

（3）闭冷水系统泄漏严重。

3）处理

（1）如果水位自动调节失灵，应手动调节水箱水位正常。

（2）如果闭冷水系统泄漏，则设法隔离泄漏点；如果因泄漏而压力维持不住，可酌情降负荷，减少闭冷水用户，同时严密监视各用户温度。

（3）如果凝结水压力低，则启动凝结水补水泵向闭冷水膨胀水箱补水。

3. 缓冲水箱水位高

1）现象

（1）水箱水位升至高水位，则联锁关闭水位调节阀。

（2）闭冷水膨胀水箱液位高 LCD 报警。

2）原因

（1）膨胀水箱水位开关自动调节失灵。

（2）闭冷水系统流量波动大。

3）处理

（1）如水位调节动作异常，则手动调节水箱水位正常。

（2）如水位上升过快，则可打开膨胀水箱底部放水阀放水。

（3）待水位正常后关闭。

4. 闭式水母管压力低

1）现象

报警，若压力降到 0.4MPa 时，启动备用泵。

2）原因

（1）泵入口滤网堵塞或进出口阀位置不正常。

（2）运行泵异常，出力降低。

（3）闭冷水系统泄漏。

3）处理

（1）备用泵启动后，出口母管压力应恢复正常。

（2）检查滤网压差，如压差增大，则联系保养清洗或更换滤网。

（3）全面检查闭冷水系统，如有泄漏，则设法隔离泄漏点。

（4）如两台泵运行，而出口母管压力仍持续下降，则申请故障停机。

（5）如热交换器泄漏，则将泄漏的热交换器隔绝。必要时申请降负荷。

5.闭式冷却水中断

闭式冷却水因故中断，应尽快恢复，同时严格监视各气、氢、油水等温度，如超过运行限额，不能维持机组正常，应破坏真空度并故障停机。

6.闭式冷却水母管压力下降或波动

1）闭式冷却水母管压力下降，应检查闭式泵工作情况，闭式冷却水箱水位是否过低，系统放水门是否关闭严密。若泵出力不足或出口压力低于0.4MPa，应确认备用泵自启动，否则手动启动。

2）闭式冷却水母管压力波动幅度较大，并伴有电机电流晃动，一般是闭式冷却水箱水位低或泵内进空气所致。若系水箱水位低，应及时补至正常；若是泵内进空气，则应打开有关放气门进行放气，严重汽化时应立即切换至备用泵运行。

7.闭式冷却水泵振动大

闭式冷却水泵振动大，应检查泵是否发生汽化、泵组轴承及泵内是否有异常声音，发生上述异常应立即切换至备用泵运行。

8.闭式冷却水泵电机电流异常增大

1）电机电流显示增大，应实测确认。电流大可能为两相运行或轴承损坏，应切换至备用泵运行，联系检修处理。

2）闭式冷却水泵故障，备用泵应自动投入，否则应手动启动。隔离故障泵，联系检修处理。泵电机电流异常增大时，应切换至备用泵运行并汇报值长。

9.闭式冷却水系统管路泄漏

闭式冷却水系统管道泄漏，应设法隔离，同时向闭式冷却水箱补水；若无法隔离，不能维持闭冷水箱水位，应故障停机。

10.闭式冷却水水质变差

若闭式冷却水水质变差，有可能是补充水源污染所致，也有可能是闭式冷却水热交换器管束泄漏所致。若是前者，应调整补充水源水质；若是后者，应对泄漏的热交换器进行隔离，同时对闭式水系统进行换水、将闭式冷却水水质调至正常。必要时申请降负荷。

四、凝结水系统事故

1.凝结水泵跳闸

1）现象

（1）CRT报警，电流到零。

（2）凝结水母管流量骤降，出口压力稍降。

（3）凝汽器热井水位上升，除氧器水位下降。

2）处理

（1）应确认备用泵自启，否则手动启动备用泵。

（2）调整凝汽器水位和除氧器水位至正常值。

（3）若备用泵启动不成功，可强行再启动一次跳闸泵；强启不成功时应快速降负荷，无法维持时不破坏真空紧急停机。

（4）查明凝结泵故障原因，通知点检处理。

2. 凝结水泵不打水

1）现象

（1）电流下降并左右摆动。

（2）凝结水泵出口压力下降，凝结水流量下降。

2）处理

（1）凝结水备用泵应联启，否则手动启动备用泵，停止故障泵。

（2）调节凝汽器水位、除氧器水位至正常。

（3）立即就地查明凝结水泵不打水的原因。

五、氢气系统事故

1. 氢压降低

1）现象

（1）氢压指示下降或报警。

（2）补氢量增加。

（3）发电机风扇差压降低。

（4）氢、水差压降低。

2）原因

（1）补氢调节阀失灵或供氢系统压力下降。

（2）密封油压力降低。

（3）氢冷器出口氢气温度突降。

（4）氢系统泄漏或误操作。

（5）表计失灵。

3）处理

（1）若密封油中断，应紧急停机并排氢。

（2）若发现氢压降低，应核对就地表计，确认氢压下降后，必须立即查明原因予以处理，并增加补氢量以维持发电机内额定氢压，同时加强对氢气纯度及发电机铁芯、线圈温度的监视。

（3）检查氢温自动调节是否正常，如失灵应切至手动调节。

（4）若氢冷系统泄漏，应查出泄漏点。同时做好防火防爆的安全措施，查漏时，应用检漏计或肥皂水。

（5）密封油压低，无法维持正常油氢差压。设法将其调整至正常或增开备用泵，若密封油压无法提高，则降低氢压运行。氢压下降时按氢压与负荷对应曲线控制负荷。

（6）发现氢压降低，应核对就地表计，确认氢压下降，必须立即查明原因予以处理，并增加补氢量以维持发电机内额定氢压，同时加强对氢气纯度及发电机铁芯、线圈温度的监视。

（7）检查氢温自动调节是否正常，如失灵应切至手动调节。

（8）管子破裂、阀门法兰、发电机各测量引线处泄漏等引起漏氢。在不影响机组正常运行的前提下设法处理，不能处理时停机处理。

（9）发电机密封瓦或出线套管损坏，应迅速汇报值长，停机处理。

（10）误操作或排氢阀未关严，立即纠正误操作，关严排氢阀，同时补氢至正常氢压。

（11）怀疑发电机定子线圈或氢冷器泄漏时，应立即报告值长，必要时停机处理。

（12）氢气泄漏到厂房内，应立即开启有关区域门窗，启动屋顶风机，加强通风换气，禁止一切动火工作。

（13）若氢压下降无法维持额定值，应根据定子铁芯温度情况，联系值长相应降低机组负荷直至停机。

2. 氢温升高或降低

1）现象

（1）氢温指示升高或降低。

（2）氢温高或低报警。

（3）定子铁芯温度升高或降低。

2）原因

（1）氢温自动调节失灵。

（2）闭冷水压力、温度变化。

（3）机组负荷突增或突降。

（4）表计失灵。

3）处理

（1）发现氢温升高或降低，应查明原因并设法消除，恢复正常运行。

（2）检查氢温自动调节情况，若失灵应切至手动调节或用旁路阀调节。

（3）检查闭冷水压力及温度情况，并保持在正常范围。

（4）加强对机组振动的监视，必要时降机组负荷运行。

（5）加强对氢压及定子铁芯温度的监视，若氢温升高，应视铁芯温度情况，联系值长，机组相应减负荷。

六、定冷水系统事故

1. 定冷水压力降低

1）现象

（1）定冷水压力下降。

（2）定冷水流量下降。

（3）定子进水压力低并报警。

（4）定冷水回水温度及定子线圈温度升高。

2）原因

（1）运行定冷水泵故障。

（2）定冷水箱水位过低。

（3）定冷水滤网脏堵。

（4）定冷水系统误操作。

（5）定冷水压力调节阀故障。

（6）表计失灵。

3）处理

（1）发现定冷水压力降低，应立即检查上述原因并采取相应措施果断进行处理，设法恢复正常运行。

（2）检查系统有无泄漏、阀有无误关、滤网有无堵塞、定冷泵运行是否正常，并设法处理。

（3）若由定冷水箱水位低引起则将水位补至正常。

（4）若定冷水泵出进口差压低至 0.14MPa，备用泵应自启动，原运行泵自动停止。

（5）若定冷水压力调节阀故障，应手动调节，并维持定子线圈的进水压力在 $0.25\sim$ 0.35MPa 且流量不低于 92m^3/h。

（6）若经上述处理无效，定子进水集管压力低至 0.14MPa 或定子线圈进水流量为 46m^3/h，延时 2s，保护动作跳机，否则应故障停机。

2. 定冷水箱水位降低

1）现象

（1）定冷水箱水位指示下降或低水位报警。

（2）定冷水压力、流量可能降低。

（3）发电机检漏仪液位高报警。

2）原因

（1）补水电磁阀失灵或补水系统阀门误关。

（2）水冷系统放水阀误开。

（3）水冷器泄漏、离子交换器泄漏或阀门误开。

（4）定冷水系统管道泄漏。

（5）定冷水取样流量过大。

3）处理

（1）发现定冷水箱水位异常降低，应检查上述原因并采取相应措施。加强对定冷水压力的监视，并检查发电机内有无漏水现象。

（2）立即开启补水阀，设法维持定冷水箱水位。

（3）检查系统设备运行状态，将误开的阀门关闭。

（4）若管道破裂或定冷水冷却器泄漏，对可隔离部分的管道进行隔离，定冷水冷却器可进行切换隔离，并通知检修处理，若无法隔离且又无法维持定冷水箱水位，则应汇报值长要求停机。

3. 定冷水温度升高

1）现象

（1）定冷水冷却器出水温度指示升高或报警。

（2）定冷水回水温度指示升高或报警。

（3）定子线圈温度普遍升高或报警。

2）原因

（1）定冷水冷却器脏堵。

（2）定冷水温度自动调节失灵。

（3）定冷水冷却器管侧出水阀误关或阀芯脱落。

（4）定冷水反冲洗水阀、定冷水加热器、反冲洗水滤网误投。

（5）闭冷水压力降低或温度升高。

（6）表计失灵。

3）处理

（1）发现定冷水温度升高，应检查上述原因并采取相应措施。

（2）若定冷水冷却器脏堵应投入备用水冷器，隔离原运行定冷水冷却器，并通知检修清扫。

（3）若定冷水温度自动调节失灵，应检查确认运行定冷水冷却器管、壳侧进、出水阀均在全开位；若阀芯脱落或定冷水冷却器堵塞应及时投入备用定冷水冷却器，退出故障定冷水冷却器。

（4）若闭冷水压力下降或温度升高，应设法恢复闭冷水系统正常运行，必要时投入两台定冷水冷却器并列运行。

（5）当定子进水温度升高至 60℃，应严密监视定子线圈温度，汇报值长，并按规定相应降低机组负荷直至停机。定冷水回水温度上升到 90℃，则应立刻停机。

4. 定子绕组线圈进水电导率高

1）现象

定子绕组线圈进水电导率达到 $5.0\mu S/cm$ 或以上时，发"定子线圈进水电导率高"报警。

2）处理

（1）检查离子交换器是否运行，树脂是否失效，否则应更换树脂后投入使用；若处理无效，电导率达到 $9.5\mu S/cm$ 时，应紧急停机。

（2）发现定冷水电导率高报警时应立即对定冷水系统换水，换水时注意定冷水箱水位不得过低，以免影响定冷水压力波动。

（3）当定冷水电导率升至 $9.5\mu S/cm$ 时应汇报值长考虑故障停机。

（4）检查是否由定冷水冷却器泄漏所致，若定冷水冷却器泄漏，则隔离并联系检修处理。

七、密封油系统事故

1. 密封油压力降低

1）现象

（1）密封油压力指示下降、报警。

（2）油氢差压指示减小、报警。

2）原因

（1）密封油泵故障。

（2）密封油差压调节阀故障。

（3）密封油滤网脏堵。

3）处理

（1）发现密封油压力下降，应立即核对就地压力表计确认油压是否下降，并查明原因，必要时将泵切换至备用密封油泵运行，尽快恢复系统正常运行。

（2）油氢差压调节阀故障时，应联系检修进行重新调整，其间可利用油氢差压调节旁路阀调整差压至正常范围内。

（3）保证发电机内氢气纯度在 95% 以上，并注意油氢差压调节正常。

（4）密封油压力低是由于密封油滤网差压高引起的，应及时切换滤网，做好隔离工作并通知检修清洗。

（5）当各密封油泵均发生故障时，发电机应紧急停机并排氢直至润滑油压能对机内氢气进行密封。

（6）当主机润滑油至密封油供油时，应注意各油箱油位及油氢差压应正常，密封油真空箱真空度应正常，监视发电机内氢压，氢压小时应及时补氢。

2. 油箱油位异常

1）现象

（1）密封油真空箱、扩大槽、浮子油箱油位指示上升或下降。

（2）密封油真空箱、扩大槽油位监视报警。

2）原因

（1）真空油箱浮球阀动作失灵或管道脏堵。

（2）发电机密封瓦间隙非正常增加会导致真空箱油位始终处于低位运行。

（3）浮子油箱浮球阀动作失灵或管道脏堵。

3）处理

（1）密封油真空箱油位高时，可关闭真空箱进油门，待油位下降后开启，如此活动浮球阀，以恢复浮球阀的控制。

（2）真空油箱油位低且不能恢复时，应将密封油真空泵、再循环泵、交流密封油泵停运，改用直流密封油泵运行，退出真空箱运行，通知检修处理。其间应每 8h 对发电机进行排补氢的工作，以维持发电机内氢气纯度。

（3）密封油扩大槽油位高时，应用浮子油箱旁路门进行调整，并联系检修用橡皮槌对浮子阀箱进行振打。此时应注意油水监视器内如果有油，应及时排放。

（4）浮子油箱油位过低，应检查确认浮子油箱旁路阀关闭。浮子油箱浮球阀故障时，可将浮子油箱隔离走旁路，待排尽浮子油箱内的存油及气体后交检修处理。其间应注意发电机内氢气压力，如氢压下降过快，应采取相应补救措施或降低机组出力运行。如发生发电机大量漏氢不能抑制，应紧急停机。

八、加热器、除氧器事故

1. 除氧器振动

1）原因

（1）除氧器进水突增或突降。

（2）除氧器进汽突增或突降。

（3）给水突增或突降，造成除氧器水位快速波动。

（4）除氧器漏水。

（5）高压加热器大量疏水突然进入除氧器。

2）处理

（1）调整除氧器进水。

（2）调整除氧器进汽。

（3）调整给水流量。

（4）调整除氧器水位。

(5) 调整高压加热器的疏水量及疏水方式。

2. 除氧器含氧量增大

1) 原因

(1) 联胺加药不足或中断。

(2) 进汽不足或中断。

(3) 除氧器压力突然升高。

(4) 排气管堵塞。

(5) 除氧头内喷嘴堵塞或脱落严重。

2) 处理

(1) 调整联胺加药。

(2) 增大进汽或切换汽源。

(3) 注意保持负荷平稳。

(4) 停机处理，在未经处理以前，应采取相应措施。

3. 除氧器压力突然下降

1) 原因

(1) 进汽中断。

(2) 除氧器水位调节阀失灵，大量凝结水进入。

(3) 除氧器疏水阀、安全阀误开。

2) 处理

判断除氧器压力下降原因，采取相应措施。

4. 除氧器压力突然升高

1) 原因

(1) 凝泵跳闸或水位调节阀失灵进水中断。

(2) 机组过负荷。

2) 处理

(1) 迅速恢复除氧器进水。

(2) 降负荷至正常。

5. 加热器紧急停运的情况

1) 加热器汽水管道及阀门等爆破，危及人身和设备安全时。

2) 加热器水位升高，处理无效，加热器满水时。

3) 所有水位指示均失灵，无法监视水位时。

4) 抽汽逆止阀卡涩不能动作时。

5) 加热器超压运行，安全阀不动作时。

6. 加热器水位升高

1) 原因

(1) 水位变送器失灵。

(2) 疏水调节阀失灵。

(3) 水侧泄漏或爆管。

2) 处理

(1) 校对水位变送器。

（2）检查疏水调节阀。

（3）退出加热器汽侧、水侧运行。

九、辅助蒸汽系统事故

1. 辅汽联箱压力高

1）现象

（1）联箱压力高于正常值。

（2）安全阀动作。

2）原因

（1）冷再压力调阀误开。

（2）机组辅汽压力变送器异常。

3）处理

（1）立即把压力控制阀切手动关回，监视压力降低情况，注意防止辅汽失压，联系维护处理。

（2）如压力变送器异常无法监视，禁止从本机组冷再供汽。

2. 辅汽联箱压力低

1）现象

（1）轴封蒸汽、吹灰蒸汽等压力低报警。

（2）联箱压力显示低。

2）原因

（1）机组负荷较低、四抽压力低，而冷再压力调阀未能正常投入。

（2）机组辅汽压力变送器异常。

（3）机组辅汽用量过大。

3）处理

（1）如系压力控制异常，则将机组辅汽切至机组共用辅汽联箱供汽，并联系维护处理。

（2）如系机组辅汽用量过大，则减少或合理安排辅汽用量。

（3）处理过程中应重点保证轴封。

附　　录

附表一　常用水蒸气参数对照表

序号	压力（MPa）	饱和温度（℃）	饱和水焓（kJ/kg）	饱和蒸汽焓（kJ/kg）	饱和水比容（m³/kg）	饱和蒸汽比容（m³/kg）
1	0.004	28.98	121.41	2554.51	0.00100400	34.8022
2	0.006	36.18	151.50	2567.51	0.00100640	23.741
3	0.008	41.53	173.86	2577.11	0.00100842	18.1046
4	0.01	45.83	191.83	2584.78	0.00101023	14.6746
5	0.05	81.35	340.56	2645.99	0.00103009	3.2402
6	0.1	99.63	417.51	2675.43	0.00104342	1.6937
7	0.29	132.39	556.50	2723.12	0.00107236	0.6251
8	0.5	151.84	640.11	2747.53	0.00109283	0.3747
9	1	179.88	762.60	2776.17	0.00112737	0.1943
10	2	212.37	908.59	2797.22	0.00117661	0.099536
11	3	233.84	1008.35	2802.29	0.00121634	0.066626
12	4	250.33	1087.40	2800.33	0.00125206	0.049749
13	5	263.91	1154.47	2794.17	0.00128582	0.039429
14	6	275.55	1213.69	2785.01	0.00131868	0.032438
15	7	285.79	1267.42	2773.45	0.00135132	0.027373
16	8	294.97	1317.10	2759.90	0.00138425	0.023525
17	9	303.31	1363.73	2744.60	0.00141786	0.020495
18	10	310.96	1408.04	2727.73	0.00145256	0.018041
19	12	324.65	1491.77	2689.16	0.00152677	0.014283
20	14	336.64	1571.63	2642.37	0.00161063	0.011495
21	16	347.33	1650.54	2584.87	0.00171031	0.00930755
22	18	356.96		2513.73		0.00749550
23	20	365.7		2418.28		0.00587590
24	22.12	374.15		2098.88		0.00312161
25	24	395.52				
26	25.4	401.17				
27	26.162	404.1453				
28	26.924	407.06				

附表二　常用单位对照表

序号	单位换算
1	$1m=10dm=100cm=1000mm$
2	$1mm=1000\mu m$
3	$1ft=12in=30.48cm$
4	$1in=2.54cm$
5	$1m^3=10^3dm^3=10^3L$
6	1uk gal（英制加仑）$=4.5461L$
7	$1uk\ gal=0.0045461m^3$
8	$1t=10^3kg=10^6g$
9	1 工程大气压$=10mH_2O$
10	1 工程大气压$=0.7356mHg$
11	1 工程大气压$=9.80665\times10^4Pa$
12	$1bar=10^5N/m^2$
13	$1bar=1.01972kg/cm^2$
14	1 物理大气压$=760mmHg$
15	1 物理大气压$=10.332mH_2O$
16	$1mmH_2O=9.806375Pa$
17	$1J=1N\cdot m$
18	$1kcal=4.187kJ$
19	$1kcal=427kg\cdot m$
20	$1kW\cdot h=860kcal$
21	$1kW\cdot h=3.6\times10^6J$
22	$1W=1J/s$
23	$1s/cm=10^6\mu s/cm$
24	$1ppm=10^3ppb=10^6ppt=10^{-6}$
25	1 毫克当量/升$=1mmol/L$
26	$1mol/L=10^3mol/L$
27	$1mol/L=106\mu mol/L$
28	1（P）泊$=0.1Pa\cdot s$